Java 项目开发教程

主　编　王　娜
主　审　张　洋

北京理工大学出版社
BEIJING INSTITUTE OF TECHNOLOGY PRESS

内 容 提 要

　　本书全面、详细地介绍了Java 应用项目开发所需要的各种知识与技能，主要包括Java语言基础、面向对象编程、常用类、异常处理、文件和I/O操作、GUI等知识点。本书主要涵盖了8个项目：第一个Java程序、推销员、学生信息管理、图形计算器、电子商城、自动取款机、用户注册登录模拟器、企业通信录，其中每个项目都是按照项目开发工作流程展开编写的。本书是一本以"项目驱动、案例教学、理论与实践相结合"的教学方法为主的一体化教材。

　　本书可作为计算机及相关专业Java Web开发的教材，也可供专业技术人员参考。

图书在版编目（CIP）数据

Java项目开发教程 / 王娜主编.--北京：北京理工大学出版社，2022.11

ISBN 978-7-5763-1718-3

Ⅰ.①J…　Ⅱ.①王…　Ⅲ.①JAVA语言－程序设计－教材　Ⅳ.①TP312.8

中国版本图书馆CIP数据核字（2022）第172074号

出版发行／北京理工大学出版社有限责任公司

社　　　址／北京市海淀区中关村南大街5号

邮　　　编／100081

电　　　话／（010）68914775（总编室）

　　　　　　（010）82562903（教材售后服务热线）

　　　　　　（010）68944723（其他图书服务热线）

网　　　址／http://www.bitpress.com.cn

经　　　销／全国各地新华书店

印　　　刷／河北鑫彩博图印刷有限公司

开　　　本／787毫米×1092毫米　1/16

印　　　张／15.5　　　　　　　　　　　　　　责任编辑／钟　博

字　　　数／349千字　　　　　　　　　　　　文案编辑／钟　博

版　　　次／2022年11月第1版　2022年11月第1次印刷　　责任校对／周瑞红

定　　　价／69.00元　　　　　　　　　　　　责任印制／王美丽

图书出现印装质量问题，请拨打售后服务热线，本社负责调换

随着社会的发展，传统的教育模式已难以满足就业的需要。一方面，大量的毕业生无法找到满意的工作，另一方面，用人单位却在感叹无法招到符合职位要求的人才。因此，积极推进教学形式和内容的改革，依据市场需求调整课程和教学，已成为多数院校专业建设和课程改革的实践理论依据。

本书体现了当前校企合作下的"适岗性"培养模式，注重课程项目（任务）与实践情境的开发，不断强化学习者的主动体验度，激发学习者的主动参与性，本书通过 8 个实践项目讲解了 Java 语言基础、面向对象编程、常用类、异常处理、文件和 I/O 操作、GUI 等内容。通过这些基础知识的学习，使学生对 Java 语言有了最基本的认知，对完成 Java 项目的开发与实践技能有了全面、完善的训练，从而使学生对 Java 语言的学习有了深入的掌握，对学生胜任课程面向的 Java 程序员岗位的专业成长和发展起到举足轻重的作用。

另外，本书在介绍知识点的过程中还列举了几十个案例。这些项目和案例都源于教学、科研和企业、行业的最新典型项目，内容全面，具有可读性、趣味性和广泛性。

本书由辽宁建筑职业学院王娜编写，由大连中软卓越信息技术有限公司张洋主审，是校企合作共编教材。在本书的编写过程中，编者参考了大量的相关技术资料，吸取了许多同人、企业专家的宝贵经验，从项目出发，按照"项目启动、相关知识、项目实施、项目收尾、项目拓展"建立了"以工作项目为导向，以工作任务为驱动，以行动体系为框架，以典型案例情境为引导"的教材体系。

本书适合作为计算机及相关专业 Java 开发的教材，也适合作为专业技术人员参考或者培训用教材。

由于编者水平有限，书中难免存在疏漏、差错，敬请读者提出宝贵意见和建议，请将意见和建议发送到 wnbird@hotmail.com。

编　者

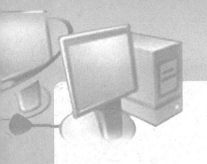

项目 1
第一个 Java 程序

【项目启动】

■【项目目标】

知识目标

（1）了解 Java 语言的基本特征；

（2）能够搭建 Java 开发运行环境；

（3）能够编写并正确运行一个 Java 类；

（4）学会 Java 语言的基本语法。

素养目标

（1）涵养工匠精神，提升学生职业素养；

（2）培养学生的大局意识，纪律意识，形成团结协作的工作作风。

■【任务描述】

通过第一个 Java 程序，加深对 Java 开发运行环境的了解，将自己学到的语法知识融会贯通，同时培养自身面向对象软件开发的思维，初步了解软件开发的一般流程，提高应用 Java 的实际动手能力并增强自己对面向对象的了解。项目的设计要求是在控制台上显示"Hello World"，如图 1-1 所示。

```
D:\java\chapter01>javac Test.java

D:\java\chapter01>java Test
Hello World

D:\java\chapter01>
```

图 1-1　　第一个 Java 程序

【相关知识】

1.1　Java 语言概述

1.1.1　发展历史与演进

1. Java 的发展历史

1992 年，Sun Microsystems 公司的 oak 语言诞生（oak 是荣橡树，美国的国树，可移植性强），它是一种用于家电控制的小型语言。

1994 年，随着互联网的快速发展，触发了 oak 进军互联网。这种语言的优势得到充分的发挥，迅速成为网络开发领域中最流行的编程语言。语言的名字从 oak 变为Java。

1999 年，Java2 平台源代码公开，成为开源语言。

1995 年 5 月，Java 由 Sun 公司正式推出。

截止到 2005 年，全球有 450 万开发者使用 Java 语言，有 25 亿台设备使用 Java技术。Java 平台和 .NET 平台成为最主流的两大技术方向。

2009 年 4 月 20 日，Sun 公司因经营不善，被甲骨文公司宣布以每股 9.5 美元、总计 74 亿美元收购。从此以后，Java 商标从此正式归 Oracle 所有。

【案例链接】

国内外软件行业领军人物的奋斗故事

苹果公司创始人乔布斯，在设计免费打电话的"蓝匣子"的过程中经历了很多次的失败，但每一次失败之后，他都会融入新的理念，最终完成他的作品，苹果公司创立后，乔布斯在公司的管理上不断创新，造就苹果公司今天庞大的商业帝国。

印度最为著名的软件人物辛格尔，尽管右手残疾，但他没有自暴自弃，反而更加拼搏，通过自己坚韧不拔的意志力考取印度最著名的大学印度理工学院，并成为印度软件业的领军人物。

还有华为公司的任正非，这些人物无不怀揣梦想，不断坚持，才有今天的成就。

启示：

通过励志人物的奋斗故事，加强软件职业愿景，培养刻苦耐劳、坚韧不拔的性格和精益求精的工匠精神，达到"知行合一"的育人目标。

2．Java 技术的三个版本

Java 不仅是一门编程语言，同时也是一个技术平台。Java 技术平台分为三个版本：JavaSE、JavaEE、JavaME，具体如下。

（1）JavaSE（Java Platform Standard Edition，标准版）俗称 Java 基础，用来开发桌面应用、C/S 结构网络，应该是 JavaEE 的基础，是 Java 技术体系的核心。

（2）JavaEE（Java Platform，Enterprise Edition，企业版）用来开发企业环境下的应用程序，通常来说，JavaEE 包含 JSP、Servlet、JDBC、XML 等 13 种技术。

（3）JavaME（Java Platform Micro Edition，微型版）用于小规模的嵌入式开发，适合手机等嵌入式设备（已经被淘汰）。

3．JDK 的版本

JavaSE 运行的最基本环境就是 JDK（Java Development Kit），Java 自 1995 年推出后，JDK 经历了很多版本，版本演进如图 1-2 所示。

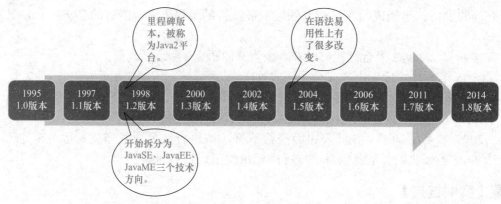

图 1-2　　JDK 版本演进

1.1.2　Java 语言的主要特点

1．跨平台性

一处编写，处处运行，指的是用 Java 语言编写的程序，可以在各个操作系统上运行，不需要修改，也称为平台无关性，可移植性，如图 1-3 所示。Java Virtual Machine（JVM），Java 虚拟机是实现这一特性的关键，它是 Java 的核心和基础，能基于 JVM 执行字节码文件。如果计算机要执行 Java 程序，那么必须安装 JVM，如何获得 JVM 将在后续任务中学习。

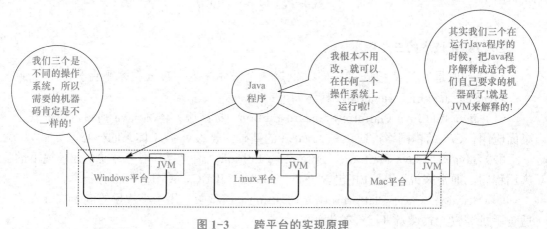

图 1-3　　跨平台的实现原理

要理解跨平台性的实现原理，需要先简单了解 Java 程序的运行过程，如图 1-4 所示。Java 源程序是解释执行的，每个平台上有不同版本的 JVM，JVM 负责把字节码文件（类文件）解释成符合当前平台规范的机器码。

2．面向对象

Java 是一门面向对象（Object Oriented，OO）的语言。面向对象与面向过程是两种有代表性的编程思想。面向对象思想有三大特征：封装、继承、多态。本项目中先不强调编程思想，注重学习基本概念和语法，后续项目将重点学习面向对象思想。

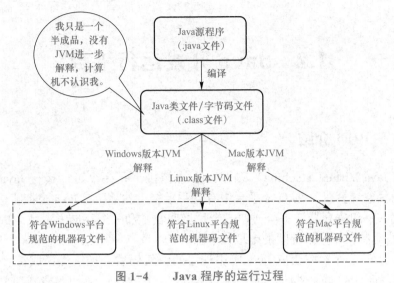

图 1-4 Java 程序的运行过程

3．健壮性

健壮性又称鲁棒性（Robustness），Java 语言致力于在编译期间和运行期间对程序可能出现的错误进行检查，从而保证程序的可靠性，这主要体现在以下几个方面。

（1）Java 的强类型机制保证任何数据必须有明确的数据类型；

（2）提供异常处理机制，能够统一处理异常事件；

（3）Java 不再使用指针，不允许通过制定实际物理地址方式对内存单元进行操作；

（4）实现垃圾自动回收，程序员不需要手动回收内存。

4．分布式

Java 提供了用于网络应用编程的类库，包括 URL、URLConnection、Socket、ServerSocket 等。Java 的 RMI（远程方法调用）机制是开发分布式应用的重要手段。

5．多线程

Java 语言支持多线程编程，提供多线程机制允许程序中有多个任务并发执行，提供的同步机制允许共享数据。

6．动态性

Java 语言的设计目标之一是使用于动态化的环境。允许程序动态地装入运行过程中所需要的类，也可以通过网络来载入所需要的类。另外，Java 中的类有一个运行时刻的表示，能进行运行时的类型检查。

1.2　Java 开发运行平台

1.2.1　JVM 介绍

JVM（Java Virtual Machine）称为 Java 虚拟机，是一个可以运行 Java 程序且用软件仿真的抽象计算机，在 Java 平台中有着举足轻重的地位。Java 虚拟机包括一套字节码指令集、一组寄存器、一个栈、一个垃圾回收堆和一个存储方法域。JVM 可以理解为 Java 编译器和操作系统间的虚拟处理器。

首先，Java 编译器在获取 Java 应用程序的源代码后，把它编译成符合 Java 虚拟机规范的字节码的 class 文件，class 文件是 JVM 中可执行文件的格式。然后，JVM 再将字节码解释成操作系统认识的机器码，通过特定平台运行。因此只要需要运行 Java 程序的设备，都需要安装 JVM。

Java 语言的一个非常重要的特点就是与平台的无关性，而使用 JVM 是实现这一特点的关键。一般的高级语言如果要在不同的平台上运行，至少需要编译成不同的目标代码。而引入 JVM 后，Java 语言在不同平台上运行时不需要重新编译。Java 语言使用 JVM 屏蔽了与具体平台相关的信息，使得 Java 语言编译程序只需生成在 JVM 上运行的目标代码（字节码），就可以在多种平台上不加修改地运行。这就是 Java 程序能够"一次编译，到处运行"的原因。

1.2.2　JDK 与 JRE

JRE 是 Java 运行环境（Java Runtime Environment）的简称，也就是 Java 平台。如果要在机器上运行 Java 程序，就必须有 JRE，JVM 是 JRE 的一部分。普通用户只需要运行已开发好的 Java 程序，安装 JRE 即可。

JDK 是 Java 开发工具包（Java Development Kit）的简称，是程序开发者用来编译、调试 Java 程序用的开发工具包。如果要用 Java 语言编写程序，就必须在计算机上安装 JDK。JDK 的工具也是 Java 程序，也需要 JRE 才能运行。为了保持 JDK 的独立性和完整性，在 JDK 的安装过程中，JRE 也是 安装的一部分。所以，在 JDK 的安装目录下有一个名为 jre 的目录，用于存放 JRE 文件，如图 1-5 所示。

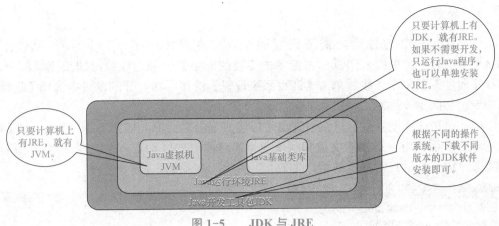

图 1-5   JDK 与 JRE

1.2.3   JDK 安装配置

1．下载

可以到 Oracle 官网或者搜索下载 JDK 安装文件，本书使用
JDK1.7 版本。注意下载的版本要与当前操作系统一致（文件名
中会包含操作系统名称关键词）。

JAVA 环境的安装与配置

2．安装

（1）双击安装文件，进入安装流程。首先
进入自定义安装界面，如图 1-6 所示。

（2）在自定义安装界面中，可以修改 JDK
的安装路径，单击【更改】按钮，进行更改，
如图 1-7 所示。

（3）更改后，单击【确定】【下一步】按
钮开始安装，直至安装完成，如图 1-8 所示。

图 1-6   JDK 自定义安装界面

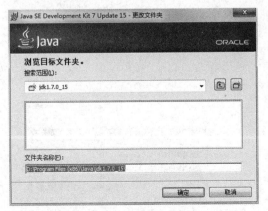

图 1-7   更改 JDK 安装路径

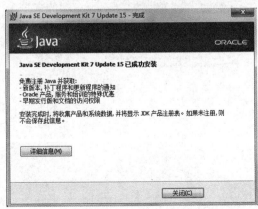

图 1-8   JDK 安装完成

3．配置

（1）JDK 安装完成后，需要设置两个环境变量（不区分大小写）：PATH、CLASSPATH。在桌面上用鼠标右键单击【我的电脑】图标，在弹出的快捷菜单中，选择【属性】菜单项，然后单击【高级系统设置】链接，在打开的窗口中选择【高级】选项卡，如图 1-9 所示。

（2）单击【环境变量】按钮，弹出【环境变量】对话框，如图 1-10 所示。在【环境变量】对话框中，有用户变量和系统变量，这两者的区别是：系统变量对所有用户都生效，用户变量只对指定的用户生效。

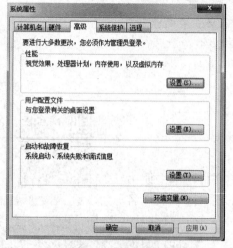

图 1-9　【系统属性】对话框的【高级】选项卡　　　　图 1-10　【环境变量】对话框

（3）在系统变量中选择 Path，单击【编辑】按钮，在变量值中新建"JDK 的安装路径 \bin"，编辑结束后进行保存，如图 1-11 所示。

（4）单击用户环境区域中的【新建】按钮，弹出【新建用户变量】对话框，在变量名中输入"classpath"，变量值为".:%JAVA_HOME%\lib"，其中"."表示当前目录，分号后面的"%JAVA_HOME%\lib"表示 JDK 安装目录中 lib 子目录，如图 1-12 所示。

图 1-11　修改 Path 环境变量

图 1-12　新建 classpath 环境变量

4．测试

按"Windows+R"组合键，在弹出框中输入"cmd"，运行 DOS 命令窗口。输入"javac"，出现图 1-13 所示提示，表示安装配置成功。如果提示 javac 不是可用命令，则表示安装不成功，或者 Path 中的路径设置错误。

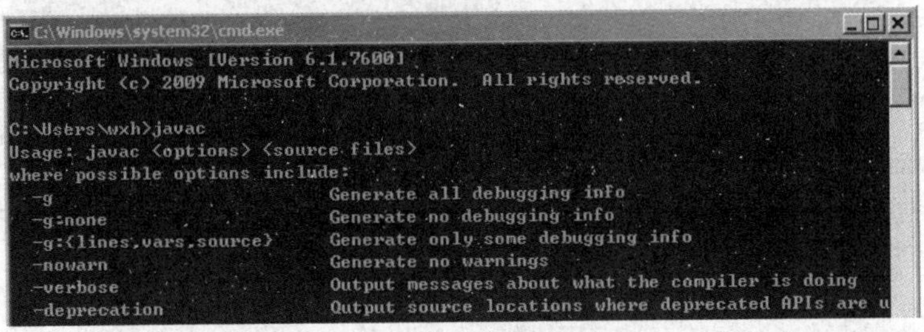

图 1-13　　JDK 正确安装测试

1.2.4　JDK 中的各种工具简介

JDK 是开发工具包，提供了一系列的工具，都存在 bin 目录下，是一系列的 .exe 文件，可以直接在 DOS 窗口调用使用。

javac：编译器，将源程序转成字节码。

java：运行编译后的 java 程序（.class 后缀）。

jar：打包工具，将相关的类文件打包成一个文件。

javadoc：文档生成器，从源码注释中提取文档。

jdb-debugger：查错工具。

appletviewer：小程序浏览器，执行 HTML 文件上的 Java 小程序的 Java 浏览器。

javah：产生可以调用 Java 过程的 C 过程，或建立能被 Java 程序调用的 C 过程的头文件。

Javap：Java 反汇编器，显示编译类文件中的可访问功能和数据，同时显示字节代码含义。

Jconsole：Java 进行系统调试和监控的工具。

1.3　Java 语法基本元素

1.3.1　可运行的 Java 类的定义

Java 是面向对象的语言，面向对象语言的程序组成单位就是"类"，使用关键字 class 可以声明类。

可运行的 Java 类的定义如下：

```
class Test{
    public static void main(String[] args){


    }
}
```

程序中 class 是定义类的关键字，全部小写。Test 是类的名字，可以自定义，建议用英文，首字母大写。"{"与最后的"}"成对出现，包含类体部分。public static void main（String[ ] args）是 main 方法，即程序的主方法，除了 args 可以自行命名外，其他都不可以修改，是程序运行的入口。也就是说，一个 Java 类如果没有 main 方法，就不能运行。

1.3.2　Java 源代码从编译到执行的过程分析

1．编译源文件

利用编译器 javac 对 Java 源文件进行编译。如果产生错误，我们称为编译错误。如果没有错误，则生成 .class 字节码文件。如果该源文件中包含多个类，它们每一个都会生成一个 .class 文件，文件名前缀为类名。

2．运行字节码文件

Java 字节码被装载到 Java 虚拟机中，解释成本地代码后再由运行器 java 运行。如果此时产生错误，称其为运行时错误。

以 Test.java 为例，编译到执行的过程如图 1-14 所示。

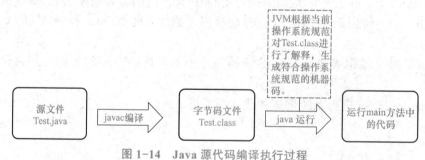

图 1-14　Java 源代码编译执行过程

1.3.3　public 类命名问题

在 Java 中，类前面常常使用 public 修饰，称为公共类，具体含义暂时不用理解，后续内容将会学习。然而，用 public 修饰的类所在源文件命名就有要求：.java 文件的名字必须与源文件中的 class 名字完全一致，大小写也需要一致，如果不一致将出现编译错误。

在一个 .java 文件中可以有多个 Java 类，但最多只能有一个 public 类，也可以没有 public 类。然而，在实际编程中，尽量不要在一个文件中存在多个类，这样会降低程序的可读性。

1.3.4 常见 IDE 介绍

在实际开发工作中，我们不会使用记事本去开发，而会使用 Java 集成开发环境（IDE）进行开发。Java 集成开发环境将程序的编辑、编译、调试、运行等功能集成在一个开发环境中，使用户可以方便地从事软件开发。

目前常用的免费 IDE 有：Eclipse、NetBeans、Idea 等。

Eclipse 官方网站：https://eclipse.org/，基于插件开发，对 JavaEE 支持较好。

NetBeans 官方网站：https://netbeans.org/，基于插件开发，对 JavaSE 支持较好。

Idea 官方网站：https://www.jetbrains.com/idea/features/，谷歌将其作为 Android 开发首选 IDE。本书中选用 Eclipse 作为 IDE，到官网下载解压即可使用。

1.3.5 空白行

在 Java 类中，一句完整的代码称为一个语句，每个语句用分号结束。程序中可以使用空白行把相关性不强的代码段分隔开，使得代码可读性更强，展现更为清晰。空白行不是必须使用的。

【课堂案例】

```java
//Test.java
package chapter01;
public class Test {
    public static void main (String[] args) {
        int i=100;

        System.out.println("Hello,中软国际！");

    System.out.println(1);
    System.out.println(2);
    System.out.println(3);
    }
}
```

1.3.6 Java 中的关键字

关键字指的是事先定义好的，有特殊意义的，计算机能认识的一些字符，也称为保留字。程序员不能用关键字给自己程序中的元素命名。

Java 关键字见表 1-1，均为小写字母。

表 1-1　Java 关键字

分类	关键字
类	enum、interface、class、extends、implements
对象	new、instanceof、this、super
包	package、import
数据类型	byte、short、int、long、float、double、char、boolean
分支	if、else、switch、case、break、continue
循环	do、while、for
方法	void、return
异常	throw、throws、try、catch、finally
修饰符	abstract、final、private、protected、public、static、synchronized、strictfp、native、assert、transient、volatile
保留字	const、goto

1.3.7　表达式的概念

表达式是变量、常量、运算符、方法调用的序列，它执行指定的计算并返回某个确定的值。表达式的值是属于某种类型的，表达式的类型由运算以及参与运算的操作数的类型决定，可以是简单类型，也可以是复合类型。

Java 语言中的表达式有以下几种。

（1）常量：19，false。

（2）用单引号引起来的字符：'A'，'中'。

（3）用双引号引起来的字符串："中软"，"卓越"。

（4）正确声明的变量：name，stuId。

（5）用运算符连接的常量和变量：i++，x+2，（m+n）。

字符串

这些表达式后续内容都会学习使用，还有一些和面向对象有关的表达式后续内容也会学习。

1.3.8　标识符、变量与常量

1．标识符

用 Java 语言编写程序时，需要定义接口、类、方法、变量等元素，这些元素都需要定义名字，它们的名字称为标识符。

标识符的命名规则如下。

（1）某一个区域（同一大括号）中是唯一的，在不同的区域中可以使用同一名字。

（2）必须由字母、数字、下画线和 $ 符号组成。

（3）不能以数字开头。

（4）不能使用非法的字符，如 #，%，& 等。

（5）不能使用系统关键字。

（6）不能使用空格来分隔。

（7）长度无限制。

（8）严格区分大小写。

下面举例说明 Java 语言中的标识符。

合法的标识符：myName，$points，_sys_ta。

不合法的标识符：#name，25name，class，&time。

在 Java 中，对于接口、类、方法、变量等元素的名字有一定的命名规则。

（1）类名，接口名，枚举名：驼峰写法，每个单词首字母大写，例如 Hello World。

（2）方法名，属性名，变量名：驼峰写法，首单词小写，从第二个单词首字母大写，例如 stuId。

（3）常量名：全大写，单词用下画线分隔，例如 STU_ID。

2．变量和常量

Java 语言中的数据类型，必须将其实例化后才能在程序中使用。各种数据类型实例化后的表示方式都可分为两种：变量和常量。

变量和常量

常量是不可变化的量，例如：

```
System.out.println(100);
```

上述代码中 100 就是个常量，执行的时候，就在内存中存储了一个 100 的数字。

变量是可以变化的量，是内存存储数据的最小单元。

```
int x=10;
x=1000;
System.out.println(x);
```

上述代码中的 x 就是变量，可以对 x 进行修改，从 10 变为 1000。另外，变量在使用前需要先定义，称为声明和赋值，这是初始化的过程。

变量的声明：数据类型变量名;

```
int num;
float score;
char ch;
```

变量的赋值：变量名 = 变量值;

```
num=10;
```

```
score=95.5;
ch='A';
```

变量的声明和赋值可以合并：数据类型变量名 = 变量值；

```
int num=10;
float score=95.5;
char ch='A';
```

变量可以同时声明多个：数据类型变量名 1，变量名 2，变量名 3；

```
int a,b,c=10;
float scoreA=95.5,scoreB=80.5;
char ch1, ch2;
```

如果声明的时候用 final 修饰，也将成为常量，不能被修改，例如：

```
final int x=10;
x=1000;   // 编译错误，final 修饰 x 后即为常量，不能被修改
System.out.println(x);
```

【项目实施】

1.1　主类的定义

```
public class Test{
    public static void main(String[] args){
        System.out.println("Hello World");
    }
}
```

加粗语句表示打印输出 Hello World。

1.2　Hello World 编译与运行

步骤 1：编写，打开 notepad 记事本，编写上面的 Java 类。

步骤 2：保存，将文件保存为 Test.java，存到 D:\java\chapter01 目录下。

步骤 3：编译，运行 cmd，用 DOS 命令 cd，转到目录 D:\java\chapter01 下，运行 javac Test.java，如图 1-15 所示。

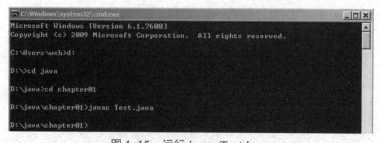

图 1-15　运行 javac Test.java

步骤 4：运行，编译成功后，在 D:/java/chapter01 下生成 Test.class 文件，运行 java Test，如图 1-1 所示。

1.3　使用 IDE 运行 Hello World

步骤 1：创建工程项目，选择菜单【file】→【new】→【java project】，如图 1-16 所示。

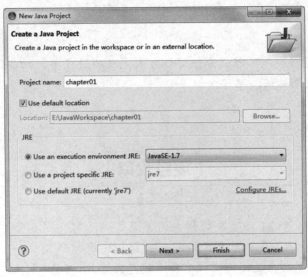

图 1-16　创建工程项目 chapter01

步骤 2：创建 Java 类，用鼠标右键单击项目名 chapter01，选择菜单【new】→【class】，输入类名 Test，选择生成主方法，如图 1-17 所示。

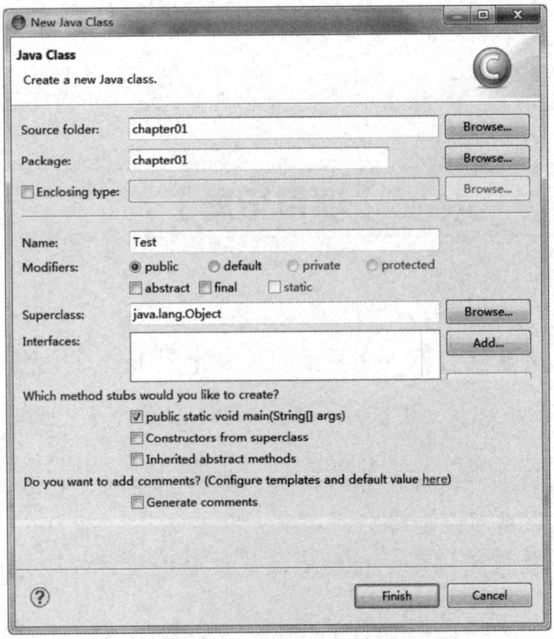

图 1-17　创建 Java 类 Test

步骤 3：完成 Java 类的编写，用鼠标右键单击 est.java，选择菜单【run as】→【Java Application】，如图 1-18 所示。

图 1-18　运行 Java 类 Test

【育人提示】

在项目实施过程中，可以以分组协作方式完成项目任务，切实体会和谐、友善的团结协作，培养大局意识、纪律意识。

【项目收尾】

1．JDK、JRE、JVM 之间有着包含的关系，作为程序员需要安装 JDK，如果只是要运行 Java 程序，只要安装 JRE 即可，有了 JRE 就有 JVM。

2．一个 Java 类如果要运行必须有符合规范的 main 方法。

3．一个 Java 文件中可以有多个 Java 类，但是不建议如此，最多只能有一个 public 类。

4．编写程序就需要对类、方法、变量进行命名，名字称为标识符，标识符有命名规则，必须遵守。

5．Java 中的数据分为常量和变量。

【项目拓展】

【项目要求】

设计一个程序，要求在控制台上显示"欢迎来到 Java 的编程世界！"。

【拓展练习】

题目：打印自己的一份简历，包括姓名、年龄、性别、电话、QQ、邮箱、微信、学习经历、主修课程、项目经验等。

考核点：能够正确搭建编译运行环境，能够熟练使用打印输出语句，能够编译运行 Java 类。

难度：低。

项目 2
推销员

【项目启动】

【项目目标】

知识目标

（1）理解 Java 中的两种数据类型的区别：基本数据类型、引用类型；

（2）掌握 8 种基本数据类型的长度、特点、默认值；

（3）对基本数据类型的变量进行赋值、转换、运算；

（4）掌握算术、位、比较、逻辑运算符的运算规则；

（5）掌握数组的声明、赋值、遍历的方法；

（6）掌握 if/else 的用法；

（7）掌握 if/else if/else 的用法；

（8）掌握 switch/case 的用法，了解 JDK 新版本中的改进；

（9）掌握 for 循环、while 循环、do while 循环的用法；

（10）掌握 continue、break 在循环中的用法；

（11）理解增强 for 循环的使用。

素养目标

涵养工匠精神，提升学生职业素养。

【任务描述】

××公司有 4 个推销员，销售 5 种不同的产品，每月每个推销员要填写每种产品的销售情况卡片。其卡片内容包括：

（1）推销员编号；

（2）产品序号；

（3）当月销售该产品总金额。

因此，每个推销员要填写 0～5 张卡片。为了便于统计每个人的销售情况，某软件公司开发出一个简易的推销员项目。项目主要完成读入上个月的所有销售信息，并统计每人的月销售总额，以表格形式打印输出，每行为一种产品，每列代表一个人，如图 2-1 所示。

```
Problems  @ Javadoc  Declaration  Console
<terminated> TuiXiaoYuan [Java Application] C:\Program Files (x86)\Java\jre7\bin\javaw.exe (2020年5月8日 上午9:23:07)
                          产品销售额月统计表
                推销员1          推销员2          推销员3          推销员4
    产品1        2060.0          2320.0          1800.0          1000.0
    产品2        3000.0          1500.0          2000.0          1800.0
    产品3        2800.0          3000.0          2600.0          2000.0
    产品4        1000.0          4000.0          3000.0          1000.0
    产品5        1600.0          2900.0          2000.0          1500.0
    总 计       10460.0         13720.0         11400.0          7300.0
```

图 2-1　推销员运行结果

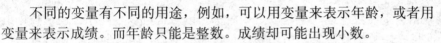

【相关知识】

2.1　数据类型概述

2.1.1　划分数据类型的意义

数据类型决定数据的含义、表示方式、存储格式和运算。

不同的变量有不同的用途，例如，可以用变量来表示年龄，或者用变量来表示成绩。而年龄只能是整数。成绩却可能出现小数。

数据类型

如果不把数据划分为不同的类型，那么就没有办法区分出数据之间的差别。计算机可以根据不同的数据类型，把数据"合理"地存放到内存中。计算机从内存中读取数据时，根据其数据类型就能确认取到的数据的特征，从而正确地去处理。

2.1.2　Java 的数据类型树

Java 语言是强类型语言，任何一个变量或常量在 Java 中必须有确定的数据类型，继而在编译过程中能对所有的操作进行数据类型相容性的检查，以达到提高程序的可靠性的目的。

Java 语言的数据类型有两种，即基本数据类型和引用类型，如图 2-2 所示。

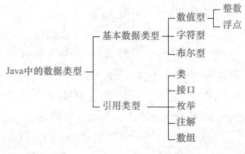

图 2-2　Java 数据类型树

2.1.3　堆、栈、常量池与方法区

数据都存放在内存中，了解 Java 内存的基本结构有助于深入理解数据类型。Java 内存大体可以分为栈、堆、方法区和常量池。

1．栈（Stack）

在函数中定义的一些基本类型的变量数据和对象的引用变量都在函数的栈内存中分配。

当在一段代码块定义一个变量时，Java 就在栈中为这个变量分配内存空间，当该变量退出该作用域后，Java 会自动释放掉为该变量所分配的内存空间，该内存空间可以立即被另作他用。

每个线程包含一个栈区，每个栈中的数据（原始类型和对象引用）都是私有的，其他栈不能访问。栈分为 3 个部分：基本类型变量区、执行环境上下文、操作指令区（存放操作指令）。

栈的优势：存取速度比堆要快，仅次于寄存器，栈数据可以共享（指的是线程共享，而非进程共享）。缺点：存在栈中的数据大小与生存期必须是确定的，缺乏灵活性。栈中主要存放一些基本类型的变量数据和对象句柄（引用）。

2．堆（heap）

堆内存用来存放由 new 创建的对象和数组。在堆中分配的内存，由 Java 虚拟机的自动垃圾回收器来管理。在堆中产生了一个数组或对象后，在栈中定义一个特殊的变量，让栈中这个变量的取值等于数组或对象在堆内存中的首地址，栈中的这个变量就成了数组或对象的引用变量。

引用变量就相当于为数组或对象起的一个名称，以后就可以在程序中使用栈中的引用变量来访问堆中的数组或对象。引用变量是普通的变量，定义时在栈中分配，引用变量在程序运行到其作用域之外后被释放。数组和对象本身在堆中分配，即使程序运行到使用 new 产生数组或者对象的语句所在的代码块之外，数组和对象本身占据的内存也不会被释放，数组和对象在没有引用变量指向它的时候，才变为垃圾，不能再被使用，但仍然占据内存空间不放，在随后的一个不确定的时间被垃圾回收器收走（释放掉），这也是 Java 比较占内存的原因。实际上，栈中的变量指向堆内存中的变量，这就是 Java 中的指针。

Java 的堆是一个运行时数据区，类的对象从中分配空间。这些对象通过 new 等指令建立，它们不需要程序代码来显式地释放。堆是由垃圾回收来负责的，堆的优势是可以动态地分配内存大小，生存期也不必事先告诉编译器，因为它是在运行时动态分配内存的，Java 的垃圾收集器会自动收走这些不再使用的数据。其缺点是由于要在运行时动态分配内存，存取速度较慢。

JVM 只有一个堆区（heap），被所有线程共享。

3．方法区（method area）

方法区和堆一样，被所有的线程共享，用于存储虚拟机加载的类信息、常量、静态变量和即时编译器编译后的代码等数据。

4．常量池（constant pool）

常量池指的是在编译期被确定，并被保存在已编译的 .class 文件中的一些数据。除了包含代码中所定义的各种基本类型（如 int、long 等）和对象型（如 String 及数组）的常量值（final），它还包含一些以文本形式出现的符号引用，比如类和接口的全限定名、字段的名称和描述符、方法的名称和描述符。虚拟机必须为每个被装载的类型维护一个常量池。常量池就是该类型所用到常量的一个有序集和，包括直接常量和对其他类型、字段和方法的符号引用。对于 String 常量，它的值是在常量池中的。而 JVM 中的常量池在内存当中是以表的形式存在的。在程序执行的时候，常量池会储存在方法区（method area），而不是堆中。

各区域的基本特征如图2-3所示。

图2-3 堆、栈、常量池与方法区

2.1.4 基本数据类型与引用数据类型的内存特征

先粗略了解基本数据类型和引用类型的内存的基本区别，即基本数据类型存储在栈中，引用类型存储在堆中。

以上的基本区别可以稍加细化。

（1）在函数（方法）中定义的基本数据类型变量存储在栈中。

（2）引用类型实例的引用（reference）也是存储在栈中。

（3）引用类型实例的成员变量，存储在堆中。

目前还没有深入学习数据类型，上述内容涉及部分目前无法理解的知识，这里只做基本的了解。

2.2 基本数据类型

2.2.1 基本数据类型的分类

Java语言中的基本数据类型可以分为数值型、字符型、布尔型三大类，具体包含8个类型。每种具体类型使用一个关键字表示，如图2-4所示。

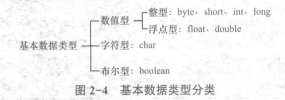

图2-4 基本数据类型分类

2.2.2 每种具体类型的长度及特点

计算机存储设备的最小信息单元叫"位"（bit），又称为"比特位"。连续的 8
个位称为 1 个"字节"（byte）。操作系统分配内存最少 1 个字节，即 8 个位，长度越长，
所表示的范围就越大。每种数据类型在内存中都占有不同的长度，见表 2-1。

表 2-1　8 种基本数据类型长度

类型	长度 / 位	长度 / 字节	表示范围
byte	8 位	1 字节	$-128 \sim 127$（$-2^7 \sim 2^7-1$）
short	16 位	2 字节	$-32\,768 \sim 32\,767$（$-2^{15} \sim 2^{15}-1$）
int	32 位	4 字节	$-2\,147\,483\,648 \sim 2\,147\,483\,648$（$-2^{31} \sim 2^{31}-1$）
long	64 位	8 字节	$-2^{63} \sim 2^{63}-1$
float	32 位	4 字节	$-3.403E38 \sim 3.403E38$
double	64 位	8 字节	$-1.798E308 \sim 1.798E308$
char	16 位	2 字节	表示一个字符，如（'a', 'A', '0', '中'）
boolean	8 位	1 字节	只有两个值：true 与 false

2.2.3 每种具体类型的默认值

Java 中，每种具体类型都有不同的默认值。当没有为一个属性变量赋值时，会根
据类型为其赋值为默认值。

注意：char 的默认值是 \u0000，等同于一个空字符；boolean 的默认值是 false，
见表 2-2。

表 2-2　8 种基本数据类型默认值

类型	默认值
byte	0
short	0
int	0
long	0
float	0.0
double	0.0
char	空字符（\u0000）
boolean	false

【课堂案例】

　　分别声明 8 种基本数据类型的属性，打印输出默认值。

```
package chapter02.section02;
public class Item01 {
    // 分别声明 8 种基本数据类型的属性，不赋值
    static byte b;
    static short s;
    static int i;
    static long l;
    static char c;
    static float f;
    static double d;
    static boolean b2;
    public static void main(String[] args){
        // 打印输出默认值
        System.out.println("byte b="+b);
        System.out.println("short s="+s);
        System.out.println("int i="+i);
        System.out.println("long l="+l);
        System.out.println("char c="+c);
        System.out.println("float f="+f);
        System.out.println("double d="+d);
        System.out.println("boolean b2="+b2);
    }
}
```

　　程序中，为了能够在 main 方法中打印，使用 static 修饰符，static 修饰符将在后面章节中学习。运行结果如下：

```
byte b=0
short s=0
int i=0
long l=0
char c=
float f=0.0
double d=0.0
boolean b2=false
```

2.2.4　基本数据类型的显式和隐式转换

　　整型、实型、字符型数据可以混合运算。运算中，不同的基本数据

数据类型转换

类型之间先转化为同一类型，然后进行运算。按照表示范围的大小，转换分为两种：隐式转换和显示转换。

从表示范围小的类型转换为表示范围大的类型，可以直接转换，称为隐式转换。

```
byte b=1;
int i=-2;
// 表示范围小的类型可以直接转换为表示范围大的类型
i=b;
i=c;
```

从表示范围大的类型转换为表示范围小的类型，需要强制转换，称为显式转换。这种转换可能会导致溢出或精度的下降，最好不要使用。

```
byte b=1;
int i=-2;
    // 表示范围大的类型不可以直接转换为转换范围小的类型，需要强制转换，称为
显式转换
b=(byte) i;
c=(char) i;
```

虽然类型之间可以进行强制转换或隐式转换，但是也有例外。例如，数值类型和 boolean 类型之间就不能转换，强制也不可以。

```
byte b=1;
boolean b2=false;
// "风马牛不相及"的 boolean 和数值类型，强制也不能转换
b2=b; // 编译错误
b2=(boolean)b; // 编译错误
```

【课堂案例】

隐式转换和显示转换的应用。

```
package chapter02.section02;
public class Item02 {
    public static void main(String[] args){
        //声明各种类型的变量
        byte b=1;
        int i=-2;
        char c='a';
        boolean b2=false;
        double d=1.0d;
        float f=1.0f;
        long l=1;
        // 表示范围小的类型可以直接转换为表示范围大的类型
        i=b;
```

```
        i=c;
        d=f;
        d=i;
        d=c;
        d=b;
        // 表示范围大的不可以直接转换为转换范围小的类型
        b=i;
        c=i;
        // 表示范围大的不可以直接转换为转换范围小的类型，需要强制转换，称为显式转换
        b=(byte)i;
        c=(char)i;
        b=(byte)d;
        i=(int)d;
        l=(long)d;
        i=(int)f;
        // "风马牛不相及" 的 boolean 和数值类型，强制也不能转换
        b2=b;
        b2=(boolean)b;
    }
}
```

2.2.5　基本数据类型的赋值及比较运算

在 Java 中，用 "=" 可以为任何一种基本数据类型的变量赋值。赋值时不要超过表示范围，否则将出现编译错误。

用 = 可以直接使用数值为数值型类型变量赋值，但是不能超出其数据类型的表示范围。

```
byte b1=127;
byte b2=129;// 超出 byte 的表示范围，编译错误
```

字符 char 类型使用 "''" 引用单个字符赋值，也可以使用非负整数（unicode 码）进行赋值。

```
// 用 '' 引用单个字符为 char 赋值，也可以是非负整数
char c1='a';
char c2=97;
char c3='ab';// 编译错误
char c4=12.8;// 编译错误
char c5=-199;// 编译错误
```

双精度 double 类型比单精度 float 类型具有更高的精度和更大的表示范围，使用率高。但在精度要求不太高的情况下，使用 float 类型有速度快、占用存储空间小的优

点。定义小数时默认是 double 类型。使用 f/F 后缀显式表示 float 类型，使用 d/D 后缀显式使用 double 类型。

```
// 小数默认为 double 类型，使用 f 或 F 后缀可以表示该小数是 float 类型
float f1=1;
float f2=1.0;// 编译错误
float f3=(float)1.0
float f4=1.0f;
// 小数默认为 double 类型，使用 d 或 D 后缀可以显式表示该小数是 double 类型
double d1=1.0;
double d2=1.0d;
```

布尔 boolean 型只有 true 和 false 两个值。

```
//boolean 型只有 true 和 false 两个值
boolean b3=false;
boolean b4=true;
boolean b5=1;// 编译错误
```

Java 中，可以使用 ==、!=、>、<、>=、<= 对基本数据类型的数值进行比较运算。注意：比较的是数值的二进制。

```
int i1=18;
int i2=19;
System.out.println("i1==i2 "+(i1==i2));
System.out.println("i1!=i2 "+(i1!=i2));
System.out.println("i1>i2 "+(i1>i2));
System.out.println("i1<i2 "+(i1<i2));
```

上述代码输出如下结果：

```
i1==i2 false
i1!=i2 true

i1>i2 false
i1<i2 true
```

【课堂案例】
比较数值的二进制。

```
package chapter02.section02;
public class Item03 {
    public static void main(String[] args) {
        int i1=18;
        int i2=19;
        System.out.println("i1==i2"+(i1==i2));
        System.out.println("i1!=i2"+(i1!=i2));
        System.out.println("i1>i2"+(i1>i2));
```

```
        System.out.println("i1<i2"+(i1<i2));

        double d1=1.0d;
        float d2=1.0f;
        System.out.println("d1==d2"+(d1==d2));
        System.out.println("d1!=d2"+(d1!=d2));
        System.out.println("d1>d2"+(d1>d2));
        System.out.println("d1<d2"+(d1<d2));

        double d3=0.3d;
        float d4=0.3f;
        System.out.println("d3==d4"+(d3==d4));
        System.out.println("d3!=d4"+(d3!=d4));
        System.out.println("d3>d4"+(d3>d4));
        System.out.println("d3<d4"+(d3<d4));
    }
}
```

运行结果如下：

```
i1==i2 false
i1!=i2 true
i1>i2 false
i1<i2 true
d1==d2 true
d1!=d2 false
d1>d2 false
d1<d2 false
d3==d4 false
d3!=d4 true
d3>d4 false
d3<d4 true
```

【思考】

如下两段代码的运行结果分别是什么？为什么？

```
double d1=1.0d;
float d2=1.0f;
System.out.println("d1==d2"+(d1==d2));
System.out.println("d1!=d2"+(d1!=d2));
System.out.println("d1>d2"+(d1>d2));
System.out.println("d1<d2"+(d1<d2));
double d3=0.3d;
```

```
float d4=0.3f;
System.out.println("d3==d4"+(d3==d4));
System.out.println("d3!=d4"+(d3!=d4));
System.out.println("d3>d4"+(d3>d4));
System.out.println("d3<d4"+(d3<d4));
```

2.3   引用类型概述

2.3.1   引用类型和基本数据类型的差异

在 Java 语言中，除了前面学习的 8 种基本数据类型外，其他类型都是引用类型。因为 Java 是面向对象语言，即把所有的事物都看作对象，所以，也可以说，任何一个对象都是引用类型，对象的概念后续内容将会深入学习。

基本数据类型的数据存储在栈中，而引用类型数据的地址存储在栈中，内容存储在堆中，见表 2-3。

表 2-3   引用类型和基本数据类型的存储内存

存储内存	基本数据类型	引用类型
存放位置	栈内存	地址（引用）存在栈内存，内容存在堆内存
赋值	用 = 直接赋值	用 new 创建对象赋值

```
//a 是基本数据类型
int a=10;
//d 是引用类型
Date d=new Date();
```

【思考】
字符串 String 是基本数据类型还是引用类型？

2.3.2   引用类型的赋值及比较运算

引用类型中除了 String、包装器类（共 8 个）可以使用 = 赋值外，其余都需要使用 new 关键字赋值。

引用类型可以使用 ==、!= 进行比较，比较的是引用类型的地址，不是内容。引

用类型不能使用 >、>=、<=、< 进行比较。

【课堂案例】

```
package chapter02.section3;
public class Item01 {
    public static void main(String[] args) {
        // 声明两个引用类型变量 s1、s2，并使用 new 进行赋值
        String s1=new String("Hello");
        String s2=new String("Hello");

        // 使用 == 及 != 比较 s1 和 s2 的地址
        System.out.println("s1==s2"+s1==s2);
        System.out.println("s1!=s2"+s1!=s2);

        // 不能使用 >、< 比较引用类型
        System.out.println("s1>s2"+(s1>s2));// 编译错误

        // 可以使用 String 类中的 compareTo 方法比较
        System.out.println(s1.compareTo(s2));
    }
}
```

上述代码中，s1、s2 内存分配情况如图 2-5 所示。

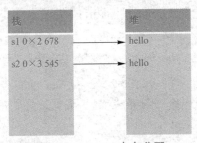

图 2-5　s1、s2 内存分配

　　s1==s2 比较的是栈中 s1 和 s2 的值，由于 s1 和 s2 指向堆中不同的内存空间，所以 s1 和 s2 的值不同，因此比较返回 false。

2.3.3　null、枚举类型

当只声明了一个引用类型变量，却没有为其赋值时，则此时该变量为 null。

【课堂案例】

```
package chapter02.section3;
```

```java
public class Item02 {
    // 此处不考虑 static 含义，后续学习，只为了能在 main 方法中访问
    static String s;
    public static void main(String[] args) {
        System.out.println(s);    // 输出 null
    }
}
```

上述代码中，s 内存分配情况如图 2-6 所示。

图 2-6　s 内存分配

在 JDK1.5 之后，Java 中多了一个新的类型——枚举。枚举本身就是一种引用类型，它编译后生成的 .class 文件，也是一种引用类型，后续内容会详细学习，在此只做了解。

使用 enum 关键字可以声明一个枚举。

```java
package chapter02.section3;
public enum Item03 {
MON, TUE, WED, THU, FRI, SAT, SUN;
}
```

【思考】

一个字符串是 null，与一个字符串是 " " 是否一样？有什么区别？

2.4　运算符

2.4.1　算术、关系、位、逻辑运算符的特点及使用

从功能角度分，Java 中的运算符可以分为算术运算符、关系运算符、位运算符和逻辑运算符四类。

运算符既可以对变量进行运算，也可以对常量进行运算，被运算的数据称作操作数。多数运算符的操作数只能是基本数据类型，只有

特殊运算符

"+""=="" "!="例外，其中"+"不仅能对基本数据类型进行加运算，还能连接字符串。"=="" "!="除可以比较基本数据类型的二进制值外，还能比较基本数据类型的地址。

自增、自减运
算符

1．算术运算符

算术运算符用来对操作数进行数学运算，见表 2-4。

表 2-4　算术运算符

运算符	运算规则	范例	结果
+	正号	+31	31
+	加	2+32	43
+	连接字符串	" 中软 "+" 国际 "	″ 中国国际 ″
-	负号	int a=43;-a	-43
-	减	3-1	2
*	乘	2*3	6
/	除	15/2	7
%	取模	15/2	1
++	自增	int a=1;a++/++a	2
--	自减	int b=3;a--/--a	2

"+"比较特殊，除了能做加运算外，还能对两个字符串进行连接。

"/"进行整除运算，结果是商的整数部分。

"%"进行取模运算，结果是余数部分。

```
int a=13;
int b=5;
System.out.println("a/b="+(a/b));   // 输出 a/b=2
System.out.println("a%b="+(a%b));   // 输出 a%b=3
```

"++"和"--"对变量进行自加和自减操作。位于变量前，则先对变量进行运算，再返回表达式的值；位于变量后，则先返回表达式的值，再对变量进行运算。

```
int a=13;
int b=5;
System.out.println("a++="+(a++));     // 输出 a++=13
System.out.println("++b="+(++b));     // 输出 ++b=6
System.out.println("a="+a);           // 输出 a=14
System.out.println("b="+b);           // 输出 b=6
```

通过上例可见，"++"和"--"的符号位置不影响对变量自身的操作，影响的是表达式的返回值。

2．关系运算符

关系运算符又叫作比较运算符，用来运算两个操作数的大小关系，返回值是 true 或 false，见表 2-5。

表 2-5　关系运算符

运算符	运算规则	范例	结果
==	相等于	14==13	false
!=	不等于	14!=13	true
<	小于	14<13	false
>	大于	14>13	true
<=	小于等于	14<=13	false
>=	大于等于	14>=13	true

"=="以及"!="可以对引用类型进行运算，比较是否为同一个对象。

【课堂案例】

```java
package chapter02.section04;
public class Item01 {
    public static void main(String[] args) {
        String s1="Hello";
        String s2="Hello";
        String s3=new String("Hello");
        float f=3.3f;
        double d=3.3d;
        System.out.println("s1==s2"+(s1==s2));
        System.out.println("s2==s3"+(s2==s3));
        System.out.println("f==d "+(f==d));
    }
}
```

运行结果如下：

```
s1==s2 true
s2==s3 false
f==d false
```

3．位运算符

位运算符是针对操作数的二进制位进行运算，见表 2-6。

表 2-6 位运算符

运算符	运算规则	范例	结果
&	位与	15&6	6
		位或	15|6	15
^	异或	15^6	9
~	取反	~6	−16
<<	左移位	8<<2	32
>>	右移位	8>>2	2
>>>	无符号右移位	8>>>2	2

【课堂案例】

```java
package chapter02.section04;
public class Item02 {
    public static void main(String[] args) {
        byte a=15;   // 二进制 00001111
        byte b=6;    // 二进制 00000110

        System.out.println("a&b="+(a&b));
        System.out.println("a|b="+(a|b));
        System.out.println("a^b="+(a^b));
        System.out.println("~a="+(~a));
        System.out.println("a<<2="+(a<<2));
        System.out.println("a>>2="+(a>>2));
        System.out.println("a>>>2="+(a>>>2));
        System.out.println("a>>>2="+(a>>>2));

        System.out.println("8>>2="+(8>>2));
        System.out.println("8<<2="+(8<<2));
        System.out.println("8>>>2="+(8>>>2));
        byte c=-16;// 二进制 11110000
        System.out.println("c>>2="+(c>>2));
        System.out.println("c>>>2="+(c>>>2));
    }
}
```

运行结果如下：

```
a&b=6
a|b=15
```

```
a^b=9
~a=-16
a<<2=60
a>>2=3
a>>>2=3
a>>>2=3
8>>2=2
8<<2=32
8>>>2=2
c>>2=-4
c>>>2=1073741820
```

4．逻辑运算符

逻辑运算符有6个，针对布尔值或返回值为布尔值的表达式进行运算，见表2-7。

表 2-7　逻辑运算符

运算符	运算规则	范例	结果
&	与	false&true	false
|	或	false|true	true
^	异或	false^flase	true
!	非	!true	flase
&&	双与	false&&true	false
||	双或	false||true	true

与（& 和 &&）：两个操作数都是 true 时返回 true，只要有一个 false 就返回 false。

或（| 和 ||）：两个操作数只要有一个是 true 就返回 true，只有两个都是 false 时返回 false。

非（！）：true 变 false，false 变 true。

异或（^）：若两个操作数不同，返回 false；若两个操作数相同，返回 true。

【课堂案例】

```java
package chapter02.section04;
public class Item03 {
    public static void main(String[] args) {
        String s1="hello";
        String s2="hello";
```

```
        String s3="world";
        String s4=null;

        System.out.println((s1==s2)&(s1==s3));
        System.out.println((s1==s2)|(s1==s3));
        System.out.println((s1==s2)^(s1==s3));
        System.out.println(!(s1==s3));
    }
}
```

运行结果如下：

```
false
true
true
true
```

2.4.2　短路逻辑运算与非短路逻辑运算

逻辑运算中的与和或运算都分别有两个："&""&&"和"|""||"。其中，"&"和"|"称为非短路逻辑运算；"&&"和"||"称为短路逻辑运算。

如果存在 T1&T2，当 T1 为 false 时，返回值已经确定为 false，但是依然还会运算 T2 表达式，所以称为非短路。

如果存在 T1&&T2，当 T1 为 false 时，返回值已经确定为 false，就不会运算 T2 表达式，所以称为短路。

"|"与"||"也存在类似逻辑，当第一个表达式为 true 时，因为已经确定了返回值肯定是 true，所以"||"就不再运算第二个表达式。

【思考】

运行如下代码会发生什么？短路逻辑有什么作用？

```
String s=null;
System.out.println(s!=null&&s.length()>2);
System.out.println(s!=null&s.length()>2);
```

2.4.3　复合赋值运算与普通赋值运算的区别

Java 中的赋值可以使用普通的"="进行赋值，也可以使用"="与其他运算符一起进行复合赋值，即运算后赋值，见表 2-8。

表 2-8　赋值运算符

运算符	运算规则	范例	结果
=	赋值	int a=7	7

续表

运算符	运算规则	范例	结果
+=	加后赋值	int a=7，a+=2	9
-=	减后赋值	int a=7，a-=2	5
*=	乘后赋值	int a=7，a*=2	14
/=	整除后赋值	int a=7，a/=2	3
%=	取模后赋值	int a=7，a%=2	1

【课堂案例】

```java
package chapter02.section04;
public class Item04 {
    public static void main(String[] args) {
        int a=7;

        System.out.println(a+=2);     // 输出 9
        System.out.println(a-=2);     // 输出 7
        System.out.println(a/=2);     // 输出 3
        System.out.println(a%=2);     // 输出 1
        System.out.println(a*=2);     // 输出 2
        System.out.println(a);        // 输出 2
    }
}
```

2.5 数组

2.5.1 数组的概念与作用

数组是一组类型相同的数据的集合，也就是说，数组中可以存储多个数据，但是这些数据的类型必须相同。数组能够作为数据的容器使用，把多个数据集中存储。存储在数组中的数据，都有相应的索引值，可以方便获取或修改。当需要同时保存多个类型相同的变量并进行处理时，可以考虑用数组，例如多个人的成绩、多个员工的薪资等。

数组

2.5.2 Java 中的数组特性

Java 的数组、类、接口、枚举、注解都是引用类型。数组长度一经确定就不能改变。例如，一个数组的长度是 10，那么最多能保存 10 个数据，如果保存第 11 个就会出错。

数组在内存中是连续分配的，所以读取速度快。在实际应用中，常常无法确定变量的数量，Java 的集合可以实现可变长度的数据容器，将在后续项目中学习。

2.5.3　数组元素

数组中存储的数据称为数组的元素（Element）。

数组本身是引用类型，但是数组中的元素可以是基本数据类型，也可以是引用类型。也就是说，既可以有存储基本数据类型 int 的数组，也可以有存储引用类型 String 的数组，但是数组本身是引用类型。

数组中的元素有索引值，索引值从 0 开始。例如，如果一个数组的长度是 10，那么索引值就是 0 ～ 9，也就是第一个元素的索引值是 0，第二个的索引值是 1，依此类推，通过索引值可以方便地访问元素。

2.5.4　数组的维数

如果一个数组中存储数据结构如图 2-7 所示，元素都是单个数据，则称为一维数组。

图 2-7　一维数组存储结构

其中，67 被称为第 0 个元素，78 称为第 1 个元素……

如果一个数组中存储数据结构如图 2-8 所示，元素是一维数组，则称为二维数组。

图 2-8　二维数组存储结构

其中，第 0 个元素是数组 {67，78，54}，第 1 个元素是数组 {89，12}……

依此类推，如果一个数组中的元素是二维数组，那么它本身就是三维数组；如果一个数组中的元素是三维数组，那么它本身就是四维数组……实际工作中，一维、二维数组用得较多，不会用到维数太多的数组。

还有一个办法可以判断维数，就是任意拿出数组中的一个数据，看看用几个数字能表示清楚它所在的位置。如图 2-9 所示，要说清楚 45 的位置，要用到 2 和 0 这两个数字，2 表示它位于索引值是 2 的数组中，0 表示它在这个数组中的索引。因为要用到两个数字才能说清楚上面数组中一个数据的位置，所以这个数组就是二维数组。

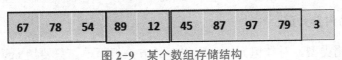

图 2-9　某个数组存储结构

2.5.5　基本类型或字符串一维数组的声明与初始化

1．一维数组的声明形式

数组元素类型 [] 变量名称；

或

数组元素类型　变量名称 []；

例如：

```
int[] a; 或  int a[];
String[] s; 或  String s[];
```

不论数组中元素是什么类型，以上声明形式都适用。

【课堂案例】

```
package chapter02.section05;
public class Item01 {
    public static void main(String[] args) {
    int[] a1=new int[5];
    int[] a2=new int[]{1,4,10};
    int[] a3={34,23,4,10};
    }
}
```

2．一维数组的初始化

第一种：数组元素类型 [] 变量名称 =new 数组元素类型 [数组长度]；

第二种：数组元素类型 [] 变量名称 =new 数组元素类型 []{ 用逗号隔开元素的具体值 }；

第三种：数组元素类型 [] 变量名称 = { 用逗号隔开元素的具体值 }；

如下所示：

```
//a1 的长度为 5，元素的值为默认值 0
int[] a1=new int[5];
//a2 的长度为 3，元素的值为 1,4,10
int[] a2=new int[]{1,4,10};
//a3 的长度为 4，元素的值为 34,23,4,10
int[] a3={34,23,4,10};
```

3．数组的内存分配

数组是引用类型，对数组元素分配内存的方法很简单，只要用 new 操作符为数组元素分配内存即可，格式如一维数组初始化中的第一种和第二种情况。

例如：

```
int[] a=new int[5];
String[] s=new String[]{"ETC", "Java"};
```

具体的内存分配如图 2-10 所示，其中 a 和 s 分别保存数组的首地址，指向堆中数组的具体内容。

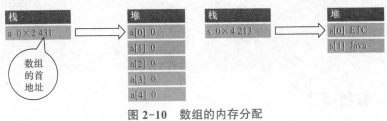

图 2-10　数组的内存分配

2.5.6　数组的长度

在创建数组的时候，一定要确定数组的长度。数组的长度将在初始化数组元素的时候同时初始化到内存中。使用"数组变量名 .length"可以返回数组的长度。

【课堂案例】

```
package chapter02.section05;
public class Item02 {
  public static void main(String[] args) {
  int[] a1=new int[5];
  int[] a2=new int[]{1,4,10};
  int[] a3={34,23,4,10};

  System.out.println("a1 的长度: "+a1.length);// 输出 a1 的长度: 5
  System.out.println("a2 的长度: "+a2.length);// 输出 a2 的长度: 3
  System.out.println("a3 的长度: "+a3.length);// 输出 a3 的长度: 4
  }
}
```

2.5.7　一维数组遍历

很多时候我们需要把数组中的元素一个一个取出来使用，这个过程叫遍历。遍历数组需要使用到循环控制，下一个项目将会学习，循环的次数用数组的长度控制。

先简单理解数组遍历的循环语句，包括传统的 for 循环和增强 for 循环两种。

```
int[] a=new int[]{1,2,10};
// 使用 for 循环遍历
for(int i=0;i<a.length;i++){
    System.out.println(a[i]);
}
// 使用增强 for 循环遍历
for(int x:a){
    System.out.println(x);
}
```

2.5.8　数组排序

Java API 中有一个类 Arrays，定义了大量的 sort 方法，可以对数组中元素进行排序。

此处不深究 Arrays 类本身，先记住用法即可。

【课堂案例】

```
package chapter02.section05;
public class Item03 {
    public static void main(String[] args) {
    int[] a=new int[]{12,3,90,1,2,10};

    // 使用 API 中的 Arrays 类的 sort 方法可以排序
        Arrays.sort(a);// 将数组 a 的元素升序排序
        for(int x:a){
            System.out.println(x);
        }
    }
}
```

2.5.9　基本类型或字符串多维数组的使用

二维数组的声明创建形式如下。

数组元素类型 [][] 变量名称 =new 数组元素类型 [一维长度] [二维长度];

其他多维数组的声明创建方式类似，区别就是多增加 []。如果同时确定一维和二维的长度，则表示数组的元素是等长的一维数组。如果数组元素不是等长的一维数组，可以不指定二维长度。

一维二维的长度都确定，如下所示：

// 数组 a 中存储 2 个一维数组，每个一维数组的长度都是 3

```
int[][] a=new int[2][3];
// 对 a 中的数组元素可以继续赋值
a[0][0]=1;
a[0][1]=2;
a[0][2]=3;
a[1][0]=11;
a[1][1]=12;
a[1][2]=13;
```

上述代码中数组 a 的内存分配如图 2-11 所示。

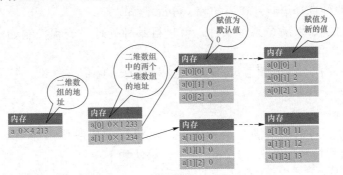

图 2-11　数组 a 的内存分配

只有一维的长度确定，如下所示：

```
// 数组 b 中存储 2 个一维数组，每个一维数组的长度不确定
int[][] b=new int[2][];
// 对 b 中的数组元素可以继续赋值
b[0][0]=10;
b[0][1]=20;
b[1][0]=100;
b[1][1]=110;
b[1][2]=120;
b[1][3]=130;
```

上述代码中数组 b 的内存分配如图 2-12 所示。

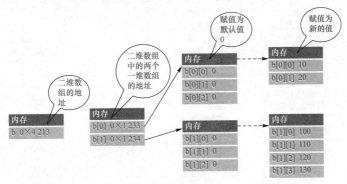

图 2-12　数组 b 的内存分配

2.6　条件分支

2.6.1　if/else

Java 支持两种选择语句：if 语句和 switch 语句。

if 语句指的是如果满足某种条件，就进行某种处理，流程控制如图 2-13（a）所示。语法如下：

```
if(判断语句1){    // 判断语句的返回值必须是boolean型
    执行语句；
}
```

if/else 语句指的是如果满足某种条件，就执行 if 代码块；如果不满足，则执行 else 代码块，流程控制如图 2-13（b）所示。语法如下：

```
if(判断语句){
    执行语句1；
}else{
    执行语句2；
}
```

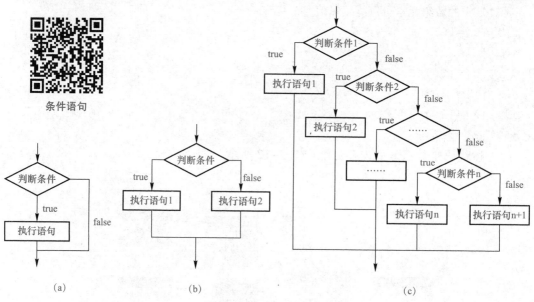

条件语句

图 2-13　if 语句流程图

【课堂案例】

判断某个整数的奇偶性。

```
package chapter02.section06;
public class Item01{
    public static void main(String[] args) {
        int x=10;
        if(x%2==0){
            System.out.println("x 是偶数 ");
        }else{
            System.out.println("x 是奇数 ");
        }
    }
}
```

if/else if/else 语句，其中 else if 语句可以有多个，流程控制如图 2-13（c）所示。语法如下：

```
if( 判断语句 1){
    执行语句 1;
}else if( 判断语句 2){    // 不满足判断语句 1，但是满足 2，则执行语句 2
    执行语句 2;
} ……
 else if( 判断语句 n){    // 不满足判断语句 1-n-1，但是满足 n，则执行语句 n
    执行语句 n;
}
else{
执行语句 n+1;
}
```

【课堂案例】

对学员的结业考试成绩测评：成绩 >=90，优秀；成绩 >=80，良好；成绩 >=60，及格；成绩 <60，不及格。

```
package chapter02.section06;
public class Item02{
    public static void main(String[] args) {
        int score=75;
        if(score>=90){
            System.out.println(" 成绩为优秀 ");
        }else if(score>=80){
            System.out.println(" 成绩为良好 ");
        }else if(score>=60){
```

```
// 学生成绩 75，满足 >60，执行该语句
            System.out.println(" 成绩为及格 ");
        }else{
            System.out.println(" 成绩为不及格 ");
        }
    }
}
```

Java 中有一个三元运算符，它和 if/else 语句类似，当判断条件为 true 时，返回表达式 1 的值，否则返回表达式 2 的值。语法如下：

```
判断条件 ? 表达式 1 : 表达式 2
```

【课堂案例】

```
package chapter02.section06;
public class Item03{
    public static void main(String[] args) {
        int a=0;
        int b=1;
        int max;
        if (a>b) {
            max=a;
        } else {
            max=b;
        }
        int max2=a>b?a:b;              // 通常用来为变量赋值
        System.out.println(max);       // 输出 1
        System.out.println(max2);      // 输出 1
    }
}
```

2.6.2 switch/case

在程序中，有时候分支是根据常量值进行判断的，这时虽然可以使用 if/else 来实现，但是如果使用 switch/case 会更为清晰。switch/case 是 Java 的多路分支语句，当表达式的值等于常量表达式 1 的值时，从语句 1 开始运行，依次运行语句 2、语句 3…直到结束。语法如下：

```
switch( 表达式 ) {
    case 常量表达式 1：
        语句 1；
    case 常量表达式 2：
```

```
        语句 2;
        ......
    case 常量表达式 n：
        语句 n;
    default:
        语句 n+1;
}
```

【课堂案例】

```
package chapter02.section06;
public class Item04{
  public static void main(String[] args) {
  int x=2;
  switch(x){
  case 0:
      System.out.println(" 你将退出系统 ");
  case 1:
      System.out.println(" 请输入用户名及密码: ");
  case 2:
      System.out.println("Please input your name and password");
  default:
      System.out.println(" 请按照提示选择1/2/3进行操作 ");
   }
  }
}
```

运行结果如下：

```
Please input your name and password
请按照提示选择1/2/3进行操作
```

2.6.3　switch/case 中的 break

在 switch/case 语句中，只要找到一个 case "入口"，就开始顺序执行下去，直到结束。如果只想执行对应的 case 语句，而不想顺序都执行，就可以在 case 语句块中使用 break 控制跳出 switch 语句。当表达式的值等于常量表达式 1 的值时，从语句 1 开始运行，遇到 break 语句，跳出 switch 语句块。语法如下：

```
switch( 表达式 ) {
    case 常量表达式 1:
        语句 1;
        break;
```

```
    case 常量表达式 2：
        语句 2；
        break;
        ......
    case 常量表达式 n ：
        语句 n；
        break;
    default：
        语句 n+1；
}
```

【课堂案例】

```
package chapter02.section06;
public class Item05{
    public static void main(String[] args) {
        int x=2;
        switch(x){
        case 0:
            System.out.println(" 你将退出系统 ");
            break;
        case 1:
            System.out.println(" 请输入用户名及密码： ");
            break;
        case 2:
            System.out.println("Please input your name and
password");
            break;
        default:
            System.out.println(" 请按照提示选择 1/2/3 进行操作 ");
        }
    }
}
```

运行结果如下：

```
Please input your name and password
```

2.6.4 switch/case 表达式的要求

switch/case 语句中的表达式只能使用规定的数据类型，有 byte、short、int、char；不能使用 float、double、long、boolean。JDK1.5 之后，switch 表达式类型新增

加了枚举（enum）支持；JDK1.7 之后，switch 表达式类型新增加 String 支持。

【课堂案例】

```
package chapter02.section06;
public class Item06{
    enum Day{
        Mon,Tues,Wed,Thur,Fri,Sat,Sun;
    }
    public static void main(String[] args) {
        byte b=1;
        short s=2;
        int i=10;
        long lg=100;
        float f=3.0f;
        double d=4.0;
        char c='a';
        boolean bl=false;
        String str="hello";
        Day day=Day.Sat;

        switch(b){    // 表达式可以是 byte 类型

        }

        switch(s){    // 表达式可以是 short 类型

        }
        switch(i){    // 表达式可以是 int 类型

        }
        switch(lg){    // 表达式不可以是 long 类型

        }
        switch(f){    // 表达式不可以是 float 类型

        }
        switch(d){    // 表达式不可以是 double 类型

        }
```

```
        switch(bl){   // 表达式不可以是boolean 类型

        }
        switch(c){   // 表达式可以是char 类型

        }
        switch(day){   //JDK1.5 及以后版本表达式可以是enum 类型

        }
        switch(str){   //JDK1.7 及以后版本表达式可以是String 类型

        }
    }
}
```

2.7　循环

2.7.1　for、while、do while

Java 语言中有三种循环语句，分别是 for、while、do while。

循环语句

1. for 循环

for 循环基本结构如下所示：

```
for(初始化语句 ; 判断条件语句 ; 控制语句 ){
    循环体语句块 ;
}
```

示例代码如下：

```
int a;
for(a=0;a<5;a++){
System.out.println("a="+a);
}
```

上述代码执行步骤如下。

（1）初始化 a 为 0。

（2）判断 a<5 的返回值为 true，所以执行一次循环体，打印 a=0。

（3）运行控制语句 a++，a 变为 1。

（4）判断 a<5 的返回值为 true，再执行一次循环体，打印 a=1。

（5）运行控制语句 a++，a 变为 2。循环（4）（5）步骤，直到打印 a=4 后，a 变为 5。

（6）判断 a<5 的返回值为 false，则循环结束，跳出循环体。

【思考】

"for（；；）{}"这样的语句会编译通过吗？如果通过，是个什么样的循环？

2. while 循环

while 循环基本结构如下所示：

```
while( 判断条件语句 ){
    循环体语句块 ;
    控制语句 ;
}
```

示例代码如下：

```
int b=0;
while (b<5) {
    System.out.println ("b="+b) ;
    b++;
}
```

上述代码执行步骤如下。

（1）判断 b<5 的返回值为 true，则执行一次循环体，打印 b=0。

（2）运行控制语句 b++，b 变为 1。

（3）判断 b<5 的返回值为 true，再执行一次循环体，打印 b=1。

（4）运行控制语句 b++，b 变为 2。循环（3）（4）步骤，直到打印 b=4 后，b 变为 5。

（5）判断 b<5 的返回值为 false，则循环结束，跳出循环体。

3. do while 循环

do while 循环基本结构如下所示：

```
do{
    循环体语句块 ;
    控制语句 ;
} while( 判断条件语句 );
```

示例代码如下：

```
int c=0;
do{
    System.out.println("c="+c);
    c++;
}while (c<5);
```

上述代码执行步骤如下。

（1）无条件执行一次循环体，打印 c=0。

（2）运行控制语句 c++，c 变为 1。

（3）判断 c<5 的返回值为 true，则执行一次循环体，打印 c=1。

（4）运行控制语句 c++，c 变为 2。

（5）判断 c<5 的返回值为 true，再执行一次循环体，打印 c=2。循环（4）（5）步骤，直到打印 c=4 后，c 变为 5。

（6）判断 c<5 的返回值为 false，则循环结束，跳出循环体。

【课堂案例】

```java
package chapter02.section07;
public class Item01{
    public static void main(String[] args) {
        //for 循环
        int a;
        for( a=0;a<5;a++){
            System.out.print("a="+a+" ");
        }
        System.out.println("");
        //while 循环
        int b=0;
        while(b<5){
            System.out.print("b="+b+" ");
            b++;
        }
        System.out.println("");
        //do while 循环
        int c=0;
        do{
            System.out.print("c="+c+" ");
            c++;
        }while(c<5);
        System.out.println("");
        // 比较 while 循环和 do while 循环的不同：do while 至少会循环一次
        int b2=5;
        while(b2<5){
            System.out.print("b2="+b2+" ");
            b2++;
        }
        System.out.println("");
        int c2=5;
        do{
```

```
                System.out.print("c2="+c2+" ");
                c2++;
            }while(c2<5);
    }
}
```

运行结果如下：

```
a=0  a=1  a=2  a=3  a=4
b=0  b=1  b=2  b=3  b=4
c=0  c=1  c=2  c=3  c=4


c2=5
```

4．循环嵌套

循环可以嵌套使用，即循环体里包含另一个循环。

【课堂案例】

```
package chapter02.section07;
public class Item02{
    public static void main(String[] args) {
        for(int i=0;i<3;i++){
            for(int j=5;j>0;j--){
                System.out.println("i="+i+"  j="+j);
            }
            System.out.println("结束 i 的第 "+i+" 次循环 ");
        }
        System.out.println("结束所有 i 循环 ");
    }
}
```

运行结果如下：

```
i=2   j=2
i=2   j=1
结束 i 的第 2 次循环
结束所有 i 循环
```

【思考】

while 循环和 do while 循环有什么区别？

2.7.2　continue

在循环控制语句的循环体中，可以使用 continue 语句，表示不再继续循环体中后面尚未执行的代码，回到循环体的开始处继续下一次循环。

示例代码：打印输出 0 ～ 4 中的所有奇数。

```java
for(int i=0;i<5;i++){
    // 判断 i 是偶数
    if(i%2==0){
        // 如果 i 是偶数，则继续下一次循环
        continue;
    }
    // 输出 i 的值
    System.out.println("i="+i);
}
```

上述代码执行步骤如下。

（1）判断 0%2==0 为 true，运行 continue 语句，不继续运行当前循环体。

（2）运行 i++，i 变为 1，判断 i<5 的返回值为 true，运行循环体。

（3）判断 1%2==0 为 false，不运行 continue，打印输出 i=1。循环（1）（3）步骤，直到 i=5 跳出循环。

在多重循环时，continue 默认是继续当前的循环。

【课堂案例】

```java
package chapter02.section07;
public class Item03{
    public static void main(String[] args) {
        for(int i=0;i<5;i++){
            for(int j=0;j<6;j++){
                // 当 i==j 时，继续 j 循环
                if(i==j){
                    continue;
                }
                System.out.println("i="+i+" j="+j);
            }
            System.out.println(" 结束 i 循环的第 "+i+" 次循环 ");
        }
        System.out.println(" 结束 i 循环 ");
    }
}
```

运行结果如下：

```
i=0  j=1
i=0  j=2
i=0  j=3
i=0  j=4
i=0  j=5
结束 i 循环的第 0 次循环
i=1  j=0
i=1  j=2
i=1  j=3
i=1  j=4
i=1  j=5
结束 i 循环的第 1 次循环
i=2  j=0
i=2  j=1
i=2  j=3
i=2  j=4
i=2  j=5
结束 i 循环的第 2 次循环
i=3  j=0
i=3  j=1
i=3  j=2
i=3  j=4
i=3  j=5
结束 i 循环的第 3 次循环
i=4  j=0
i=4  j=1
i=4  j=2
i=4  j=3
i=4  j=5
结束 i 循环的第 4 次循环
结束 i 循环
```

在上述代码中，continue 语句在 j 层循环中，所以 continue 是继续 j 层循环。如果希望 continue 继续的是 i 层循环，怎么办呢？很简单，加标号即可。

【课堂案例】

用 "continue 标号；" 语句继续指定的循环。

```
package chapter02.section07;
public class Item04{
```

```
public static void main(String[] args) {
    loop1:for(int i=0;i<5;i++){
        loop2:for(int j=0;j<6;j++){
            // 当 i==j 时，继续 i 循环
            if(i==j){
                // 继续 loop1 标记的循环，即 i 层循环
                continue loop1;
            }
            System.out.println("i="+i+" j="+j);
        }
        System.out.println(" 结束 i 循环的第 "+i+" 次循环 ");
    }
    System.out.println(" 结束 i 循环 ");
}
```

运行结果如下：

```
i=1 j=0
i=2 j=0
i=2 j=1
i=3 j=0
i=3 j=1
i=3 j=2
i=4 j=0
i=4 j=1
i=4 j=2
i=4 j=3
结束 i 循环
```

2.7.3 break

在循环控制语句的循环体中，可以使用 break 语句，表示终止当前循环，跳出循环体。

示例代码：打印输出 0 ～ 4 中的第一个偶数。

break 和 continue

```
for(int i=0;i<5;i++){
    // 判断 i 是偶数
    if(i%2!=0){
        // 如果 i 不是偶数，则终止循环
        break;
    }
```

```
    // 输出 i 的值
    System.out.println("i="+i);
}
```

上述代码执行步骤：

（1）判断 0%2!=0 为 false，不运行 break 语句，继续运行循环体，打印 i=0。

（2）运行 i++，i 变为 1，判断 i<5 的返回值为 true，运行循环体。

（3）判断 0%2!=0 的返回值为 true，运行 break，循环终止。

在多重循环时，break 默认是终止当前的循环。

【课堂案例】

```
package chapter02.section07;
public class Item05{
    public static void main(String[] args) {
        for(int i=0;i<5;i++){
            for(int j=0;j<6;j++){
                // 当 i==j 时，终止 j 循环
                if(i==j){
                    break;
                }
                System.out.println("i="+i+" j="+j);
            }
            System.out.println("结束 i 循环的第 "+i+" 次循环 ");
        }
        System.out.println(" 结束 i 循环 ");
    }
}
```

运行结果如下：

```
结束 i 循环的第 0 次循环
i=1 j=0
结束 i 循环的第 1 次循环
i=2 j=0
i=2 j=1
结束 i 循环的第 2 次循环
i=3 j=0
i=3 j=1
i=3 j=2
结束 i 循环的第 3 次循环
i=4 j=0
i=4 j=1
```

```
i=4  j=2
i=4  j=3
结束 i 循环的第 4 次循环
结束 i 循环
```

在上述代码中，break 语句在 j 层循环中，所以 break 是终止 j 层循环。如果希望 break 继续的是 i 层循环，怎么办呢？同样，加标号就行！

【课堂案例】

用"break 标号；"语句终止指定的循环。

```java
package chapter02.section07;
public class Item06{
    public static void main(String[] args) {
        loop1:for(int i=0;i<5;i++){
        loop2:for(int j=0;j<6;j++){
                // 当 i==j 时，终止 j 循环
                if(i==j){
                        // 终止 loop1 标记的循环，即 i 层循环
                        break loop1;
                }
                System.out.println("i="+i+" j="+j);
            }
            System.out.println(" 结束 i 循环的第 "+i+" 次循环 ");
        }
        System.out.println(" 结束 i 循环 ");
    }
}
```

运行结果如下：

```
结束 i 循环
```

2.7.4　针对数组（集合）的增强型迭代 for 循环

数组中可以保存多个相同类型的元素，每个元素具有从 0 开始的索引值，可以使用 for 循环，通过索引值和数组长度遍历数组。

【课堂案例】

```java
package chapter02.section07;
public class Item07{
    public static void main(String[] args) {
        int[] a=new int[]{12,34,1,43,12,222};
```

```
                    // 使用传统 for 循环迭代数组
            for(int i=0;i<a.length;i++){
                    System.out.println("a["+i+"]="+a[i]);
            }
        }
}
```

运行结果如下：

```
a[0]=12
a[1]=34
a[2]=1
a[3]=43
a[4]=12
a[5]=222
```

JDK1.5 增加了增强 for 循环，能够方便地对数组（集合）进行迭代。

【课堂案例】

```
package chapter02.section07;
public class Item08{
    public static void main(String[] args) {
        int[] a=new int[]{12,34,1,43,12,222};
// 使用增强 for 循环迭代数组
        for(int x:a){
                System.out.println(x);
        }
    }
}
```

运行结果如下：

```
12
34
1
43
12
222
```

在上述代码中，for(int x：a) 中的"int"是数组中元素的类型，"x"是每次迭代出的元素的临时变量，可以随意命名，"："是语法规则，"a"是要迭代的数组变量名称。增强 for 循环比传统 for 循环更为简洁，它能够迭代数组中所有元素，但是没法获取其索引信息。

【育人提示】

从 Java 语法引出要注意 Java 程序的编程结构，规范、科学、严谨地编码是养成良好职业素养的前提和保障，也是培养大国工匠、涵养工匠精神的必由之路。

 【项目实施】

2.1　推销员销售信息的定义

```java
public class TuiXiaoYuan {
    public static void main(String[] args) {
        //二维数组定义已知上个月的所有销售信息
        double[][] p={{2060.0,2320.0,1800.0,1000.0},
                    {3000.0,1500.0,2000.0,1800.0},{2800.0,3000.0,2600.0,2000.0},
                    {1000.0,4000.0,3000.0,1000.0},{1600.0,2900.0,2000.0,1500.0}};
    }
}
```

2.2　推销员销售额的显示

```java
public class TuiXiaoYuan {
    public static void main(String[] args) {
        //二维数组定义已知上个月的所有销售信息
        ……
        //s为每个推销员的月销售总额
        double s=0;
        System.out.println("\t\t\t产品销售额月统计表");
        System.out.print("  \t      ");
        for(int i=1;i<=4;i++)
          System.out.print("   推销员"+i+"  \t     ");
        System.out.println();
        for(int i=0;i<5;i++){   //产品行
          System.out.print("产品"+(i+1)+"  \t  ");
          for(int j=0;j<4;j++)  //推销员列
              //打印输出每个推销员每种产品的销售额
              System.out.print(p[i][j]+"\t  ");
          System.out.println();
        }
```

```
        }
}
```

2.3 推销员销售统计

```
public class TuiXiaoYuan {
    public static void main(String[] args) {
        // 二维数组定义已知上个月的所有销售信息
        ......
        // 推销员销售统计
        ......
        System.out.print("总    计"+"  \t  ");
        for(int j=0;j<4;j++){   // 推销员列
        for(int i=0;i<5;i++){   // 产品行
            s+=p[i][j];
        }
        // 打印输出每个推销员的月销售总额
        System.out.print(s+"\t  ");
        s=0;
        }
    }
}
```

【项目收尾】

---

1. 数据类型分为基本数据类型和引用类型。

2. 8 种基本数据类型的基本特征、转换运算。

3. 引用类型的基本概念、数组。

4. 四种运算符的运算规则：算术运算符、关系运算符、位运算符、逻辑运算符。

5. 流程控制有条件分支及循环。

6. 条件分支包括 if/else 以及 switch/case。

7. switch/case 中 switch 的表达式对类型有要求，JDK1.7 以后可以使用：byte、short、int、char、enum、String。

8. 循环控制包括 for、while、do/while 三种。

9. 循环中可以使用 break、continue 控制。

10. 可以使用增强 for 循环迭代数组，更为简洁。

【项目拓展】

【项目要求】

已知 4 名同学的语文、数学、英语、物理、化学 5 门成绩，现统计每人的总成绩，以表格形式打印输出，每行为一门课程，每列代表一个人。

【拓展练习】

1. 题目：把一个三位数 342，拆分出它的百位、十位、个位数，并将百位、十位、个位输出。

考核点：能够熟练使用 Java 运算符。

难度：低。

2. 题目：编写代码，声明一个 int 型数组，长度为 3，使用三种方式为数组元素赋值为 {1，2，3}；声明一个 int 型二维数组，一维和二维的长度分别是 2 和 3，并分别进行赋值，具体值自行确定。

考核点：数组的声明与创建。

难度：低。

3. 题目：有一对兔子，从出生后第 3 个月起每个月都生一对兔子，小兔子长到第三个月后每个月又生一对兔子。假如兔子都不死，要求输出一年内兔子的数量是多少。

考点：流程控制。

难度：中。

4. 题目：判断 10～105 之间有多少个素数，并输出所有素数。【素数又称为质数，定义为在大于 1 的自然数中，除了 1 和它本身以外不再有其他因数的数。】

考点：流程控制、运算符。

难度：中。

5. 题目：判断 100 到 500 之间，哪些数是水仙花数。【水仙花数是指一个 n 位正整数（n ≥ 3），它的每个位上的数字的 n 次幂之和等于它本身。（例如：$1^3+5^3+3^3=153$）】

考点：流程控制、运算符。

难度：中。

6. 题目：求 1～100 之间，有哪些数是完全数。【完全数（Perfect number），又称完美数或完备数，是一些特殊的自然数。它所有的真因子（即除了自身以外的约数）的和（即因子函数），恰好等于它本身。例如：6=1+2+3】

考点：流程控制、运算符。

难度：中。

7. 题目：判断一个整数是几位数，并按照逆序输出。

考点：流程控制、运算符、数组。

难度：中。

8. 题目：输出 2000 年到 3000 年中的闰年。

考点：流程控制、运算符。

难度：中。

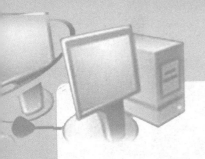

项目3

学生信息管理

【项目启动】

■【项目目标】

知识目标

（1）掌握面向对象的概念；

（2）掌握类与对象的概念与关系；

（3）掌握类与对象的声明使用方法；

（4）掌握类的成员属性及方法声明调用方式；

（5）理解方法参数的值传递特性；

（6）掌握方法重载的定义与特性；

（7）掌握类的构造方法特性与作用；

（8）掌握类及实例的实例化块。

素养目标

（1）引导学生树立竞争意识，培养创新精神；

（2）深植家国情怀，增强社会责任感。

■【任务描述】

学生信息管理系统是针对学校学生处的大量业务处理工作而开发的管理软件，主要用于学校学生信息管理，总体任务是实现学生信息关系的系统化、科学化、规范化和自动化，其主要任务是用计算机对学生各种信息进行日常管理，如查询、修改、增加、删除。作为计算机应用的一部分，它使用计算机对学生档案进行管理，具有手工管理所无法比拟的优点，如检索迅速、查找方便等，这些优点能够极大地提高学生档案管理的效率。

在学生信息管理系统中，学生的基本信息通常包括姓名、性别、年龄、家庭住址、出生日期等数据。对这些信息进行管理，需要定义变量存储信息，并且需要对其进行一定的操作。在本项目中，主要完成对上述信息的输入、存储、获取以及显示，如图 3-1 所示。

```
Problems   @ Javadoc   Console ☒
<terminated> StudentManager [Java Application] C:\Program Files (x86
请输入学生姓名：李明
请输入学生性别：男
请输入学生年龄：20
请输入学生出生年月日：2000 10 20
请输入学生家庭所在城市：××市
请输入学生家庭所在小区和单元：××小区10#楼1单元
请输入学生家庭邮政编码：111000
----------------
该学生的基本信息是：
姓名：李明
性别：男
年龄：20
出生年月：2000年10月20日
家庭住址：××市××小区10#楼1单元
邮政编码：111000
```

图 3-1　学生信息管理运行结果

【相关知识】

3.1　类和对象

3.1.1　类的概念与作用

1．面向过程与面向对象

在管理企业软件系统中最常见的一个业务流程为报销，按照之前的代码编写方式，以过程为关注点，则实现过程如图 3-2 所示。

可以发现有两个和财务相关的任务，即财务审核和账务发放报销，如果思考核心的过程，那么这两个任务将被分散编写，除了和现实的逻辑认知有异之外，还增加了代码的维护难度。

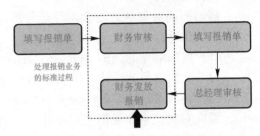

图 3-2　报销业务实现过程

然而，面向对象程序设计是：

（1）将数据及对数据的操作封装在一起，成为一个不可分割的整体；

（2）同时将具有相同特征的对象抽象成一种新的数据类型——类。

在面向对象程序中，通过对象间的消息传递使整个系统运转，通过类的继承实现代码重用，如图 3-3 所示。

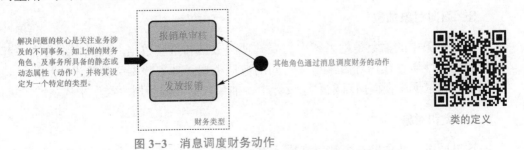

图 3-3　消息调度财务动作

表 3-1 列出了面向对象与面向过程的具体区别。

表 3-1　面向过程和面向对象的区别

区别	面向过程	面向对象
设计思路	自顶向下、层次化、分解	自底向上、对象化、综合
程序单元	函数模块	对象

区别	面向过程	面向对象
设计方法	程序 = 算法 + 数据结构	程序 = 对象 = 数据 + 方法
优点	相互独立，代码共享	接近人的思维方式 模拟客观世界
缺点	数据与程序不一致 维护困难	客观世界的无序性 概念不成熟

2．面向对象编程

面向对象的编程思想，是把世间的万事万物都看作对象，使设计程序、编写程序的过程清晰化。面向对象的编程有利于将程序模块化，可以组织比较大的团队完成开发，按模块进行分工。

所谓面向对象的方法学，就是分析、设计和实现一个尽可能接近我们认识的系统的方法，包括：

（1）面向对象的分析（Object-Oriented Analysis，OOA）；

（2）面向对象的设计（Object-Oriented Design，OOD）；

（3）面向对象的编程（Object-Oriented Programming，OOP）。

面向对象技术主要围绕以下几个概念：对象、抽象数据类型、类、类型层次（子类）、继承性、多态性等。

Java 具备描述对象以及对象之间关系的能力，因此是面向对象的编程语言。Java 语言的设计集中于对象及其接口，它提供了简单的类机制以及动态的接口模型。

（1）对象中封装了状态变量以及相应的方法，实现了模块化和信息隐藏。

（2）类提供了一类对象的原型，并且通过继承机制，子类可以使用父类所提供的方法，实现了代码的复用。

面向对象最重要的三大特征是封装、继承、多态。

3．面向对象抽象

面向对象中的抽象是把系统中需要处理的数据和这些数据上的操作结合在一起，根据功能、性质、作用等因素组成不同的数据类型。抽象数据类型是进一步设计、编程的基础和依据。在面向对象程序设计中，抽象数据类型是用"类"来代表的。

4．类和对象

这里通过生活中的一个实例来描述类和对象。

如果你作为目击者需要向警察提供犯罪嫌疑人的特征，那么警察需要印制供目击者填写的犯罪嫌疑人特征表。在印制特征表前，需要明确哪些特征该由目击者填写，这些特征应该是犯罪嫌疑人（人的一种）共同具备的属性（如身高、发色等），并且这些属性应该能够提供足够的指向性特征用于定位到一个特定的人。你需要填写犯罪嫌疑人特征表，仔细填写每个特征，填写完的特征表即特指所目击到的那个嫌疑人。

警察整理出能够描述人这个群体的所有特征，这个过程即是对人这个群体进行抽象。

　　打印出来的特征表包含了人这个群体的属性，但只包含属性名，而没有属性的值，而填入不同属性值后它可以指向人这个群体里面的所有个体，因此这个表格其实是人这个群体的描述模板，它在程序中就应该是一个类。

　　目击者填写属性的过程是将模板特定指向一个具体人的过程，即从抽象到个体实例，填写完属性后能够指向个体的特征表即一个对象。

【思考】

　　（1）如果将刚才的案例看作程序，那么我们首先要设计的是程序中的什么？

　　（2）程序中没有类行不行？没有对象行不行？

　　下面我们来分析上面的两个思考问题。如果没有事先准备好的特征表，那么目击者就无法准确描述嫌疑人的特征，而没有属性值的特征表是无法帮助警察找到嫌疑人的，因此可以看出：

　　（1）在 Java 中万事万物皆对象。

　　事实上，Java 离完全的面向对象编程语言还有最后的一小步距离，因为 Java 中存在基本数据类型，而后续以 Java 为目标的语言，如 C# 则真正实现了万物皆对象，Java 用包装类型来应对。

　　（2）对象依赖类存在（模板—个体实例）。

　　（3）在程序中应该使用的是对象。

　　（4）分析过程先有对象后有类，开发过程先有类后有对象。

3.1.2　类中的基本构成元素

　　类是描述对象的"基本原型"，它定义一种对象所能拥有的数据和能完成的操作，在面向对象的程序设计中，类是程序的基本单元，最基本的类由一组结构化的数据和在其上的一组操作构成。

　　类主要由属性和方法组成，除此外还包括类及实例初始化代码块、构造方法、内部类、注释等。一个完整的类结构如下所示：

```
public class Person {
    static{
        System.out.print(" 类初始化块 ");
    }
    {
        System.out.print(" 实例初始化块 ");
    }
    // 注释 1
    int age;// 属性（注释 2）
    /**
     * 奔跑吧，人类（注释 3）
     */
```

```
public void run(){
        System.out.print("方法（对变量的操作）");
}
public Person(){
        System.out.print("构造方法");
}
class InnerClass{
        // 内部类
}
}
```

3.1.3　对象的概念与作用

1. 对象的概念

　　类是同等对象的集合与抽象，它是一块创建现实对象的模板。对象是类的实例，对象是面向对象编程的核心部分，是实际存在的具体实体，具有明确定义的状态和行为。

　　类、对示例及对象的属性和方法如图 3-4 和图 3-5 所示。

图 3-4　类、对象示例

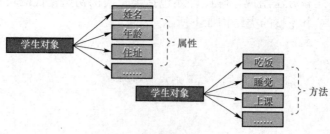

图 3-5　对象的属性和方法

　　在程序中发挥对象的功效，需要了解对象的三个主要特征。

　　（1）对象的行为：可以对对象施加哪些操作，或可以对对象施加哪些方法。

　　（2）对象的状态：当施加那些方法时，对象如何响应。

　　（3）对象的标识：如何辨别具有相同行为与状态的不同对象。

　　同一个类的所有对象实例，由于支持相同的行为而具有家族式的相似性。对象的行为是用可调用的方法定义的。

此外，每个对象都保存着描述当前特征的信息——对象的状态，对象的状态可能会随着时间而发生改变，但这种改变不会是自发的。对象状态的改变必须通过调用方法实现（如果不经过方法调用就可以改变对象状态，只能说明封装性遭到了破坏）。

2．封装

封装是与对象有关的一个重要概念，它将数据和行为组合在一起，并对对象的使用者隐藏数据的实现方式。

类的属性由变量表示，属性名称由类的每个对象共享。每个特定的对象都有一组特定的实例属性值，这些值的集合就是这个对象的当前状态，只要向对象发送一个消息，它的状态就有可能发生改变。

封装的特性能够让服务提供者把它服务的细节隐藏掉，只需要提交请求与传递它需要的参数，它就会返回结果，而这个结果是如何产生的，经过了多少复杂运算，经过多少次数据读取，都不用管，只要它给出结果即可。

封装的一个现实案例：CPU 把所有的电阻电容门电路等都封装起来，只留出一些管脚（接口）让用户使用，CPU 能暴露什么，不能暴露什么，是生产商设计决定的，用户不能直接操作 CPU 的电阻电容等，但可以通过给管脚适当的电压来控制电阻电容等，用户不能直接访问 CPU 的属性，但是可以通过方法修改 CPU 的属性的值，直接修改 CPU 属性相当于不经过门电路直接给 CPU 的电阻、电容等元件输个电压，这样这个电压（电流）是否超载不能有效保证，元件就有可能被烧坏，所以提供相应的方法访问属性，可以在方法中做相应的控制。

【思考】

（1）将 CPU 封装起来只暴露接口的案例能够给我们提供什么程序设计思路？

（2）CPU 封装的好处能够说明程序封装的什么好处？

对于封装的好处，一方面，封装使得对代码的修改更加安全和容易，将代码分成了一个个相对独立的单元，对代码访问控制得越严格，日后对代码修改的自由就越大。

例如，只要电话的外部接口（键盘、屏幕、使用方法等）不发生改变，那么不管电话内部电路、技术如何改进，用户都不需要重新学习就可以使用新一代的电话。同样，只要汽车的方向盘、刹车等外部接口不变，那么，不论如何改造它的发动机，用户也一样会驾驶这类汽车。

在类中，明确指出哪些属性和方法是外部可以访问的，这样当需要调整这个类的代码时，只要保证公有（public）属性不变，公有方法的参数和返回值类型不变，那么就可以尽情地修改这个类，而不会影响程序的其他部分，或者使用这个类的其他程序。

另一方面，封装能很好地使用别人的类，而不必关心其内部逻辑是如何实现的，这让软件协同开发的难度大大降低。

3．对象的状态

对象的状态并不能完全描述一个对象，每个对象都有一个唯一的身份。例如，在一个订单处理系统中，任何两个订单都存在不同之处，即使所订购的货物完全相同也是如此。需要注意，作为一个类的实例，每个对象的标识永远是不同的。

状态常常也存在着差异，对象的这些关键特性彼此之间相互影响。

【思考】

怎样能够说明对象的状态影响它的行为？

3.2　类和对象的声明

3.2.1　类的基础声明形式

在 Java 中类的基础声明格式如下：

```
【访问权限修饰符】【修饰符】 class  类名 {
        成员列表
}
```

其中，可选的类访问权限修饰符限定本类能够被哪些其他的代码访问，包括 public 和 default（内部类有更多选择）；可选的修饰符说明当前方法的特性，包括 final、abstract、native 等；class 是声明类的关键字，注意大小写；类名需要符合 Java 标识符的结构要求。

一个约定俗成的命名规则：类名的命名规则是首字母大写，多个单词时，每个单词首字母大写。

从上面的结构可以看出，一个可以正常编译的基本类代码由"class"关键字＋"类名"＋一对"｛｝"构成。

如定义之前看到的自行车类的基础结构，则形式如下：

```
class Bike{
    …

}
```

3.2.2　类名命名规范

类的名字由大写字母开头而单词中的其他字母均为小写，如果类名称由多个单词组成，则每个单词的首字母均应为大写，把这些单词连接在一起，即不要使用下划线分割单词，例如：OrderList。

如果类名称中包含单词缩写，则这个缩写词的每个字母均应大写，如 XMLExample。

由于类是设计用来代表对象的，所以在命名类时应尽量选择名词，如 Bike。

【思考】

知道了类的基础结构，那么我们在程序中究竟应该创建哪些类呢？

【案例链接】

我们用的 Java 技术都是国外企业预先开发好的，我们只是拿来做应用级产品的开发。中国信息化需求巨大，但在关键技术领域如操作系统、芯片技术、CPU 技术等方面，核心技术还掌握在外国人手里，难以做到自主可控，这对国家安全造成威胁，进而引出孟晚舟事件。

2018 年 12 月 1 日，华为的首席财务官孟晚舟在加拿大温哥华机场转机时，被加拿大警方拘捕并关进了监狱。加拿大警方给出的拘捕孟晚舟的理由是华为涉嫌违反美国对伊朗的贸易制裁规定。美国同时更进一步要求加拿大将孟晚舟引渡到美国，华为则据理力争，要求将孟晚舟保释。为此加拿大举行了三次听证会，在收取 5 000 万元人民币的保释金之后，最终同意孟晚舟保释。保释后的孟晚舟被没收了护照只能在固定的区域附近活动。其实获得保释只是一种形式上的权宜。很显然孟晚舟是中国的一个代表，实质上是美国等西方国家对中国的虎视眈眈和狼子野心。

启示：

感悟科技进步离不开不断学习和勇于创新，要肩负起时代赋予我们的重任，为打造科技强国添砖加瓦。

3.2.3 类成员属性的声明、初始化与初始值

成员变量是类中的特有属性变量。在类中声明成员变量的格式如下：

【变量修饰字】 变量数据类型 变量名 1，变量名 2【= 变量初值】…；

成员变量的类型可以是 Java 中任意的数据类型，包括基本类型、类、接口、数组等。

在前边定义的 Bike 类中加入成员变量 speed，并对 speed 赋值：

```
class Bike{
    // 新增成员变量
int speed=0;
}
```

普通的成员属性取值在该类的不同对象中不能被共享。

Java 中每个类型都有固定的初始值，如 int 的初始值是 0，具体类型的初始值可以回顾数据类型的内容。

在类中定义的成员变量如果是基本类型，可以不用初始化就可使用，这时成员变量的值为其类型的初始值。但是，不管在任何地方，引用类型都需要初始化后才可使用，因为引用类型的初始值为 null，代表不具备存储数据的内存空间，直接使用会造成程序运行异常。

3.2.4 实例化类的对象

对象是典型的引用数据类型，因此和数组相似，初始化时需要使用 new 运算符从堆中分配内存，步骤如下。

子类的实例化过程

（1）说明新建对象所属的类名；

（2）说明新建对象的名字；

（3）用 new 为新建对象开辟内存空间。

创建对象的一般语法如下：

```
类名 引用名 = new 类名（ ）；
```

其中，new 是"为新建对象开辟内存空间"的运算符，它以类为模板，开辟空间并实例化一个对象，返回对该对象的一个引用（即该对象所在的内存地址）。在 new 关键字后面的"类名（ ）"，事实上是调用了类的一个特殊方法，只不过这个方法的名称和类名一致，下一个任务中将详细介绍这个特殊的方法：构造方法。

使用已经定义好的类，创建该类对象的过程称为"实例化"。在 Java 中，变量作用域由花括号的位置决定。通过 new 构建的 Java 对象不具备和基本类型一样的生命周期。当用 new 创建一个 Java 对象时，它可以存活于作用域之外。例如：

```
{// 作用域开始
   String companyName=new String("Chinasofti");
}// 作用域结束
```

对 companyName 的引用在作用域终点就消失了，然而，companyName 指向的 String 对象仍继续占据内存空间。在这一小段代码中，无法在这个作用域之后访问这个对象，因为对它唯一的引用已超出了作用域的范围，在后面的学习中，我们将会看到在程序执行过程中怎样传递和复制对象引用。

【思考】

由 new 创建的对象，只要需要，就会一直保留下去吗？如果 Java 让对象继续存在，那么靠什么才能防止这些对象填满内存空间，进而阻塞程序呢？

3.2.5 调用类成员属性

Java 中实例化类的对象之后，就可以访问到类中的成员。使用成员运算符"."访问成员，一般语法如下：

```
对象名 . 成员名
```

例如：

```
student.age=18; // 为成员属性赋值
```

【课堂案例】

```
package chapter04.section02;
public class AttributeTest {
    String name = "Eric";
    int age = 30;
    float salary = 3500.0f;
```

```
public static void main(String[] args) {
    AttributeTest attrTest = new AttributeTest();
    attrTest.salary = 5000.0f;
    attrTest.age = 32;
    System.out.println(attrTest.name);
    System.out.println(attrTest.age);
    System.out.println(attrTest.salary);
    }
}
```

运行结果如下：

```
Eric
32
5000.0
```

【思考】

当然，这种做法有悖在前一节中强调的封装特性，那么，在不违背封装特性的情况下，应该如何修改对象的属性值呢？

3.2.6　方法的基本声明形式

成员方法的重载和覆盖

1．方法的基本声明格式

成员方法是类中进行数据处理，实现相关功能的函数。

方法决定了一个对象能够接收什么样的消息。方法的基本组成部分包括名称、参数、返回值和方法体。下面是它的基本声明形式：

【访问控制】【方法修饰】　返回类型　方法名称（参数 1，参数 2，…）{

　　…(statements;)　　　// 方法体：方法的内容

}

访问控制和方法修饰符后续将会详细介绍。返回类型可以是任意的 Java 数据类型，当一个方法不需要返回值时，返回类型为 void。返回类型描述的是在调用方法之后返回值的数据类型。参数列表给出了要传给方法的信息类型和名称。方法名和参数列表（它们合起来被称为"方法签名"）唯一地标识出某个方法。

Java 中的方法只能作为类的一部分来创建。方法只有通过对象才能被调用（后续介绍的 static 方法除外），并且这个对象必须能执行这个方法调用，如果试图在某个对象上调用它并不具备的方法，那么在编译时就会出现错误。

2．方法的特点

（1）定义方法可以对功能代码进行封装。

（2）便于该功能进行复用。

（3）方法只有被调用才会被执行。

（4）方法的出现可提高代码的复用性。

（5）方法若没有返回值，则用关键字 void 表示，那么该方法中的 return 语句如果在最后一行可以省略不写。

（6）方法中可以调用方法，不可以在方法内部定义方法。

（7）定义方法时，方法的结果应返回给调用者，交由调用者处理。

【思考】

为什么要有返回值？为什么要在方法名后的小括号中定义参数列表？

3．return 关键字

方法声明中有一个重要的关键字：return。

return 的用法包括以下两方面。

（1）代表"已经做完，离开此方法"。

（2）如果此方法产生了一个值，这个值要放在 return 语句后面。

return 语句示例如下：

```
// 通过 return 语句返回对应类型的结果数据，非 void 方法必须通过 return 返回
结果
boolean flag(){
    return true;
}
double naturalLogBase(){
    return 3.14;
}
// 在 void 方法中可以使用不跟数据的 return，表示直接跳出方法
void nothing1(){
    return;
}
//void 方法中的 return 是可选的，方法中的代码执行完毕后会自然结束
void nothing2(){

}
```

4．定义方法思考要点

（1）方法是否有返回的结果，如果有，返回什么类型的结果？

（2）明确方法是否需要参数？如果需要，需要几个什么类型的参数？

（3）方法如何才能正确得到想要的结果？

现在可以尝试扩展之前的自行车类，为其添加对应的方法，使其在具备基本属性之外还能获取其他对象的消息从而执行关联的动作：

```
class Bike {
    int speed = 0;
    void showSpeed() {
        System.out.println(speed);
    }
    public void changeSpeed(int newSpeed) {
        speed = newSpeed;
    }
}
```

3.2.7　方法体中的局部变量

定义在方法体中的局部变量和类的成员变量存在一些差异，见表 3-2。

表 3-2　成员变量与局部变量的区别

比较	成员变量	局部变量
定义位置	直接在类中定义	定义在方法中
声明赋值	可以在声明时赋初始值；若不赋值，会有默认初始值，基本数据类型的值为 0，引用类型的值为 null	需要显式初始化后才能使用
作用域	在整个类内部都是可见的，所有成员方法都可以使用它，如果访问权限允许，还可以在类外部使用	仅限于定义它的方法，在该方法外无法访问它
注意	（1）在同一个方法中，不允许有同名的局部变量。在不同的方法中，可以有同名的局部变量； （2）局部变量可以和成员变量同名，并且在使用时，局部变量具有更高的优先级	

3.2.8　调用类方法

成员方法也使用成员运算符"."调用。

【课堂案例】

```
class Bike {
    int speed = 0;
    void showSpeed() {
        System.out.println(speed);
    }
    public void changeSpeed(int newSpeed) {
        speed = newSpeed;
    }
    public static void main(String[] args) {
```

```
            Bike bike = new Bike();
            // 通过调用对象的方法来设置、获取属性的值
            bike.changeSpeed(30);
            bike.showSpeed();    // 运行结果：30
      }
}
```

同一个类中的方法在本对象中调用其他方法时直接使用方法名（static 方法后续探讨）。

【课堂案例】

```
class Bike {
    int speed = 0;
    void showSpeed() {
            System.out.println(speed);
    }
    public void changeSpeed(int newSpeed) {
            speed = newSpeed;
    }
   public void changeAndShowSpeed(int newSpeed) {
// 直接通过方法名调用
            changeSpeed(newSpeed);
showSpeed();
    }
    public static void main(String[] args) {
            Bike bike = new Bike();
            bike.changeAndShowSpeed(30);    // 运行结果：30
    }
}
```

3.2.9　方法名命名规范

方法的名字的第一个单词应以小写字母作为开头，后面的单词则用大写字母开头，例如：sendMessge。

参数的命名规范和方法的命名规范相同，而且为了避免阅读程序时造成迷惑，应该在尽量保证参数名称为一个单词的情况下使参数的命名尽可能明确。

【思考】

我们在学习 C 语言后都会面临一个问题：如何能够快速准确地判定方法参数传递是值传递还是引用传递，即调用一个方法后，在方法体中对形参进行了改变，方法执行后实参是否随之发生相同的改变呢？

3.2.10　可变 API 与不可变 API 的逻辑约定

在 Java 中，可供调用的 API 从执行后的内存状态的角度可以从逻辑上划分为两种类型。

1．可变 API

可变 API 是在给定的既有内存上进行操作的 API。

2．不可变 API

不可变 API 是在执行时需要新分配一段内存后再执行操作的 API。

我们看到的 new 运算符是一个最典型的不可变 API，因为其功能就是为一个新对象分配新的内存空间。

根据可变 API 和不可变 API 的逻辑约定，可以发现，Java 中的字符串不具备任何可变 API，因为针对字符串进行的任何改变都是构建了一个新的字符串对象。

3.2.11　方法参数的传值特性

Java 中的参数只有值传递。传统印象中基本数据类型和字符串传参时是值传递，其他对象传参是引用传递的思想是错误的。

形参就是一个普通的临时变量，位置特殊只是为了跳出方法体的作用域以便能够获取实参值。方法体中代码操作的是形参变量，和实参无关，只不过由于需要借助实参的数据值，因此在执行方法第一条语句之前，隐式按照参数的位置关系利用实参对相应位置的实参进行了赋值操作。

【课堂案例】

```
public class ArgumentCallByValueTest {
    void changeArgument(StringBuilder src) {  //src是形参
        src.append("@Java!");
        src = new StringBuilder("Hello");
        src.append("World!");
    }
    public static void main(String[] args) {
        StringBuilder  strBuilder  =  new  StringBuilder
("Chinasofti");
        ArgumentCallByValueTest  argTest  =  new  Argument
CallByValueTest();
        argTest.changeArgument(strBuilder);  //strBuilder是实参
        System.out.println(strBuilder);
    }
}
```

代码中的形参是引用类型 StringBuilder，它是用于创建字符串变量的类，与 String 类不同的是 String 对象一旦创建之后是不可更改的，但 StringBuilder 的对象是变量，是可以更改的，后面还会详细介绍。运行结果如下：

```
Chinasofti@Java!
```

参数操作过程如图 3-6 所示。

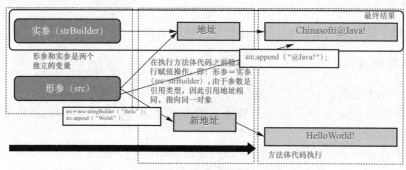

图 3-6　参数操作过程

由此可以得出一个重要的结论：当方法中的形参在没有调用不可变 API 之前，形参的任何改变都将影响实参的状态，而当形参执行了任何不可变 API 之后，形参和实参之间就断开了这种状态联系。

【思考】

如果参数是基本数据类型会是什么情况呢？参数是字符串类型又该是什么情况呢？

3.2.12　可变参数与注意事项

有过 C 语言学习经历后，可能对其中的标准输出函数 printf（）非常熟悉，这个函数有个特点，提供格式字符串后，根据格式字符串中的占位符，后面可以根据占位符的个数提供不同的数据变量以供输出，这种函数的参数称为可变参数。

Java1.5 增加了可变参数特性，适用参数个数不确定而类型确定的情况。

Java 中可变参数的特点如下。

（1）Java 把可变参数当作数组处理。

（2）可变参数必须位于最后一项。当可变参数个数多余一个时，必将有一个不是最后一项，所以只支持有一个可变参数。因为参数个数不定，所以当其后边还有相同类型参数时，Java 无法区分传入的参数属于前一个可变参数还是后边的参数，所以只能让可变参数位于最后一项。

（3）可变参数用 ... 代替标识，... 位于变量类型和变量名之间，前后有无空格都可以。

（4）用可变参数的方法时，编译器为该可变参数隐含创建一个数组，在方法体中以数组的形式访问可变参数。

【课堂案例】

```java
public class Varable {
    public static void main(String[] args) {
        System.out.println(add(2));
        System.out.println(add(2, 3));
        System.out.println(add(2, 3, 5));
    }

    public static int add(int x, int... args) {   //声明可变参数
        int sum=x;
        //用数组方式处理可变参数
        for (int i=0; i<args.length; i++) {
            sum+= args[i];
        }
        return sum;
    }
}
```

在上面的代码中，从"System.out.println（add（2）；"这个调用可以看出可变参数的一个优势，虽然在方法体中使用数组处理，但如果声明的是一个数组参数，即使不提供数据，也需要传递一个空数组。运行结果如下：

```
2
5
10
```

3.2.13　方法重载

什么是方法的重载？在同一个类中至少有两个方法用同一个名字，但有不同的参数类型列表，这就是方法重载，如图 3-7 所示。

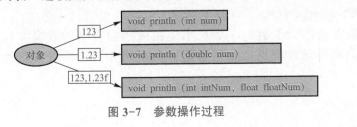

图 3-7　参数操作过程

方法重载

图 3-7 中利用方法重载，只需要定义一个方法名 println，接收不同类型的参数即可实现问题的简化。

方法重载的三大原则如下。

（1）方法名相同。

（2）参数不同，包括：

1）数量不同；

2）类型不同；

3）顺序不同。

（3）作用域相同。

编译器会根据调用时传递的实际参数自动判断具体调用的是哪个重载方法。需要注意的是方法重载跟方法的返回值类型没有任何关系。也就是说，只有返回值不同的方法不能构成重载。

【课堂案例】

利用方法重载，计算边长分别为整型数和双精度数的正方形的面积。

```java
public class MethodOverload {
    public static void main(String[] args) {
        MethodOverload obj = new MethodOverload();
        System.out.println("The square of integer 10 is " +
obj.square(10));
        System.out.println("The square of double 10.25 is "
+ obj.square(10.25));
    }
    // 重载方法，参数类型列表不同（参数名是否相同不影响重载判定）
    int square(int x) {
        return x * x;
    }
    double square(double x) {
        return x * x;
    }
}
```

运行结果如下：

```
The square of integer 10 is 100
The square of double 10.25 is 105.0625
```

当使用基本数据类型作为参数时，如果不能精确匹配自身的数据类型且实参的范围小于形参，则将自动匹配离形参最近的方法声明并对形参进行自动的类型转换。

【课堂案例】

```java
public class PrimitiveOverloading {
    // boolean can't be automatically converted
    void print(String s) {
        System.out.println(s);
    }
```

```
void f1(char x) {
    print("f1(char)");
}
void f1(byte x) {
    print("f1(byte)");
}
void f1(short x) {
    print("f1(short)");
}
void f1(int x) {
    print("f1(int)");
}
void f1(long x) {
    print("f1(long)");
}
void f1(float x) {
    print("f1(float)");
}
void f1(double x) {
    print("f1(double)");
}
void f2(byte x) {
    print("f2(byte)");
}
void f2(short x) {
    print("f2(short)");
}
void f2(int x) {
    print("f2(int)");
}
void f2(long x) {
    print("f2(long)");
}
void f2(float x) {
    print("f2(float)");
}
void f2(double x) {
    print("f2(double)");
}
```

```java
    void f3(short x) {
        print("f3(short)");
    }
    void f3(int x) {
        print("f3(int)");
    }
    void f3(long x) {
        print("f3(long)");
    }
    void f3(float x) {
        print("f3(float)");
    }
    void f3(double x) {
        print("f3(double)");
    }
    void f4(int x) {
        print("f4(int)");
    }
    void f4(long x) {
        print("f4(long)");
    }
    void f4(float x) {
        print("f4(float)");
    }
    void f4(double x) {
        print("f4(double)");
    }
    void f5(long x) {
        print("f5(long)");
    }
    void f5(float x) {
        print("f5(float)");
    }
    void f5(double x) {
        print("f5(double)");
    }
    void f6(float x) {
        print("f6(float)");
    }
```

```
void f6(double x) {
    print("f6(double)");
}
void f7(double x) {
    print("f7(double)");
}
void testConstVal() {
    print("Testing with 5");
    f1(5);
    f2(5);
    f3(5);
    f4(5);
    f5(5);
    f6(5);
    f7(5);
}
void testChar() {
    char x = 'x';
    print("char argument:");
    f1(x);
    f2(x);
    f3(x);
    f4(x);
    f5(x);
    f6(x);
    f7(x);
}
void testByte() {
    byte x = 0;
    print("byte argument:");
    f1(x);
    f2(x);
    f3(x);
    f4(x);
    f5(x);
    f6(x);
    f7(x);
}
void testShort() {
```

```
        short x = 0;
        print("short argument:");
        f1(x);
        f2(x);
        f3(x);
        f4(x);
        f5(x);
        f6(x);
        f7(x);
    }
    void testInt() {
        int x = 0;
        print("int argument:");
        f1(x);
        f2(x);
        f3(x);
        f4(x);
        f5(x);
        f6(x);
        f7(x);
    }
    void testLong() {
        long x = 0;
        print("long argument:");
        f1(x);
        f2(x);
        f3(x);
        f4(x);
        f5(x);
        f6(x);
        f7(x);
    }
    void testFloat() {
        float x = 0;
        print("float argument:");
        f1(x);
        f2(x);
        f3(x);
        f4(x);
```

```
            f5(x);
            f6(x);
            f7(x);
    }
    void testDouble() {
            double x = 0;
            print("double argument:");
            f1(x);
            f2(x);
            f3(x);
            f4(x);
            f5(x);
            f6(x);
            f7(x);
    }
    public static void main(String[] args) {
            PrimitiveOverloading p = new PrimitiveOverloading();
            p.testConstVal();
            p.testChar();
            p.testByte();
            p.testShort();
            p.testInt();
            p.testLong();
            p.testFloat();
            p.testDouble();
    }
}
```

运行结果如下：

```
Testing with 5
f1(int)
f2(int)
f3(int)
f4(int)
f5(long)
f6(float)
f7(double)
char argument:
f1(char)
f2(int)
```

```
f3(int)
f4(int)
f5(long)
f6(float)
f7(double)
byte argument:
f1(byte)
f2(byte)
f3(short)
f4(int)
f5(long)
f6(float)
f7(double)
short argument:
f1(short)
f2(short)
f3(short)
f4(int)
f5(long)
f6(float)
f7(double)
int argument:
f1(int)
f2(int)
f3(int)
f4(int)
f5(long)
f6(float)
f7(double)
long argument:
f1(long)
f2(long)
f3(long)
f4(long)
f5(long)
f6(float)
f7(double)
float argument:
f1(float)
```

```
f2(float)
f3(float)
f4(float)
f5(float)
f6(float)
f7(double)
double argument:
f1(double)
f2(double)
f3(double)
f4(double)
f5(double)
f6(double)
f7(double)
```

如果实参范围大于形参，则需要显示对实参进行类型转换。

【课堂案例】

```
class Demotion {
    void print(String s) {
        System.out.println(s);
    }
    void f1(char x) {
        print("f1(char)");
    }
    void f1(byte x) {
        print("f1(byte)");
    }
    void f1(short x) {
        print("f1(short)");
    }
    void f1(int x) {
        print("f1(int)");
    }
    void f1(long x) {
        print("f1(long)");
    }
    void f1(float x) {
        print("f1(float)");
    }
```

```java
void f1(double x) {
    print("f1(double)");
}
void f2(char x) {
    print("f2(char)");
}
void f2(byte x) {
    print("f2(byte)");
}
void f2(short x) {
    print("f2(short)");
}
void f2(int x) {
    print("f2(int)");
}
void f2(long x) {
    print("f2(long)");
}
void f2(float x) {
    print("f2(float)");
}
void f3(char x) {
    print("f3(char)");
}
void f3(byte x) {
    print("f3(byte)");
}
void f3(short x) {
    print("f3(short)");
}
void f3(int x) {
    print("f3(int)");
}
void f3(long x) {
    print("f3(long)");
}
void f4(char x) {
    print("f4(char)");
}
```

```java
void f4(byte x) {
    print("f4(byte)");
}
void f4(short x) {
    print("f4(short)");
}
void f4(int x) {
    print("f4(int)");
}
void f5(char x) {
    print("f5(char)");
}
void f5(byte x) {
    print("f5(byte)");
}
void f5(short x) {
    print("f5(short)");
}
void f6(char x) {
    print("f6(char)");
}
void f6(byte x) {
    print("f6(byte)");
}
void f7(char x) {
    print("f7(char)");
}
void testDouble() {
    double x = 0;
    print("double argument:");
    f1(x);
    f2((float) x);
    f3((long) x);
    f4((int) x);
    f5((short) x);
    f6((byte) x);
    f7((char) x);
}
public static void main(String[] args) {
```

```
            Demotion p = new Demotion();
            p.testDouble();
    }
}
```

运行结果如下：

```
double argument:
f1(double)
f2(float)
f3(long)
f4(int)
f5(short)
f6(byte)
f7(char)
```

3.3　构造方法

3.3.1　构造方法的特点、作用

构造方法是 Java 中的一种特殊的方法，它能够在创建对象的同时完成新建对象的初始化工作。其在实例化对象的同时会自动调用构造方法，这样也就完成了对数据成员资源的分配或数据成员的初始化。

构造方法

构造方法具备以下特点。

（1）构造方法是与类同名的方法。

（2）没返回值，也不能写 void。

（3）主要作用是完成新建对象的初始化工作。

（4）一般不能显式地直接调用，而是用 new 来调用（或使用 this、super 调用）。

（5）在创建一个类的新对象的同时，系统自动调用该类的构造函数，为新建对象初始化。

表 3-3 列举出构造方法和普通方法的重要区别。

表 3-3　构造方法和普通方法的区别

构造方法	普通方法
是在实例化对象的时候调用的； 没有返回值，连 void 都没有； 方法名必须与类名相同； 不能使用修饰符，包括 static、final、abstract	分为静态方法和非静态方法； 可以使用修饰符，包括 static、final、abstract； 静态方法可用类名直接调用，非静态方法要用对象调用； 返回值可有可无，如果没有声明时要加 void； 方法名最好不跟类名一样

【思考】

　　每个对象在生成时都必须执行构造方法，而且只能执行一次。如果构造方法调用失败，那么对象也无法创建。那么在之前实现的各种案例代码中，我们并没有编写任何符合上述特征的方法，为什么还是能顺利构造对象呢？

3.3.2　默认构造方法

　　对于上面的思考问题，我们很容易猜到，由于 Java 要求每个类都必须提供构造方法来构建对象，如果程序员认为编写的类无须特殊初始化操作而没有提供任何一个构造方法，则 Java 会自动为该类提供一个默认的构造方法。

　　Java 中默认构造方法的特征如下。

　　（1）无参。

　　（2）空方法体，即不执行任何的初始化操作。

3.3.3　自定义构造方法

　　构造方法的一般声明形式如下：

【访问权限修饰符】类名（参数列表）{
方法体
}

　　接下来详细讲解访问权限修饰符，对于构造方法而言，调用失败会导致无法构建对象，因此一般会定义为 public，即所有能访问到该类的代码均能调用，当然也可以结合其他的访问控制符配合完成特殊的设计模式要求。构造方法的方法名就是类名，切记，构造方法没有返回值，也不能写 void。

【课堂案例】

```
class PhoneCard {
    long cardNumber;
    private int password;
    double balance;
    String connectNumber;
    boolean connected;

    boolean performConnection(long cn, int pw) {
        return 12345678901 == cn && 123 == pw;
    }

    // 利用构造方法参数初始化类成员
    PhoneCard(long cn, int pw, double b, String s) {
        cardNumber = cn;
```

```
        password = pw;
        balance = b;
        connectNumber = s;
        connected = false;
    }
}
```

3.3.4 使用构造方法创建对象

明确构造方法的概念后，我们现在应该清楚了，对象的声明和初始化的结构准确地说应该是：

对象的创建与使用

类名　引用变量名　＝　new　类的构造函数（构造方法参数列表）；

所以我们可以得到上一个课堂案例中定义的 PhoneCard 类对象：

```
public static void main(String[] args) {
        // 利用构造方法构建对象
        PhoneCard myCard = new PhoneCard(12345678901, 123,
50.0, "114");
        System.out.println(myCard.performConnection(myCard.
cardNumber,myCard.password));
}
```

一旦显式地定义了构造方法，则默认构造方法自动消失，即便显式定义的构造方法不是无参的。

```
public static void main(String[] args) {
        PhoneCard myCard = new PhoneCard(12345678901, 123,
50.0, "114");
                                PhoneCard myCard1 = new
PhoneCard();
        System.out.println(myCard.performConnection(myCard.
cardNumber,myCard.password));
}
```

运行代码时，语句"PhoneCard myCard1 = new PhoneCard( )"；会出错，因为已经提供了一个构造方法，因此默认构造方法消失，意味着本类不存在任何无参的构造方法，因此需要提供完整的构造方法参数才能构建对象。

普通的方法也能使用类名，这样会造成困扰，一定要注意。

【课堂案例】

```
class ClassNameMethod {
    String stringParameter = "initValue";
```

```
    void ClassNameMethod() {
        stringParameter = "targetValue";
    }

    public static void main(String[] args) {
        ClassNameMethod cnMethod = new ClassNameMethod();

        System.out.println(cnMethod.stringParameter);
    }
}
```

void ClassNameMethod（ ）方法虽然与类同名，但存在 void 关键字，因此不是构造方法，而本类没有提供任何构造方法，Java 会提供默认构造方法，不会对属性进行任何的初始化操作。

运行结果如下：

```
initValue
```

3.3.5 构造方法重载

构造方法是一种特殊的方法，它也能重载。

构造函数的重载是指同一个类中存在若干个具有不同参数列表的构造函数，和普通的方法一样，将根据 new 运算符后面的参数类型列表判定使用的构造方法版本。

【课堂案例】

```
class Circle {
    public double x, y, r;

    public Circle(double x1, double y1, double r1) {
        x = x1;
        y = y1;
        r = r1;
    }

    public Circle() {
        x = 0;
        y = 0;
        r = 15.0;
    }

    public Circle(double r1) {
```

```
        x = 0;
        y = 0;
        r = r1;
    }


    public static void main(String[] args) {
        Circle a = new Circle(20.1, 30.5, 10);
        Circle b = new Circle(32.0);
        Circle c = new Circle();


    }
}
```

【思考】

想想看，如果上例中的 public Circle（double r1）中的 r1 变为 r，会出现什么情况？

3.3.6　this 关键字的作用

怎么解决上面的思考问题呢？首先看以下两句代码：

```
Circle c = new Circle();
c.x=100;
```

根据之前创建对象并调用成员的规则，在任何地方构建了一个 Circle 的对象，通过对象引用加上成员运算符（c.x）调用的是类的 x 成员属性，而非任何方法的局部变量。这说明如果在方法中能够获取一个引用，这个引用指向当前正在执行方法的对象本身，那么"这个对象 .x"调用的就是类的成员变量 x，而不是方法中的局部变量。

Java 中的 this 就是这样一个特殊的引用，它指向调用该方法的对象本身。

为了容易理解，可以参照图 3-8 去想象。

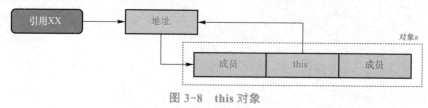

图 3-8　this 对象

在对象 a 中任意地方调用 a.x 指代的都是对象 a 自己（虽然并不能这么调用，在对象内部直接使用 this 作为自身的引用，而在 a 对象中并不能使用 a.this 代表 a 对象，因为这样做本身不具备价值）。

因此，上例中的构造方法可以这样改造：

```
class CircleWithThis {
```

```
public double x, y, r;

public CircleWithThis(double x, double y, double r) {
    this.x = x;
    this.y = y;
    this.r = r;
}

public CircleWithThis() {
    //System.out.println("全部都为0");
    this(0.0, 0.0, 0.0);
}

public CircleWithThis(double r) {
    // 利用this在构造方法中调用本类的其他版本构造方法
    this(0.0, 0.0, r);
}

public static void main(String[] args) {
    CircleWithThis a = new CircleWithThis(20.1, 30.5,
10);
    CircleWithThis b = new CircleWithThis(32.0);
    CircleWithThis c = new CircleWithThis();
    c.x = 100;
    }
}
```

代码的"this.x = x;"语句中的第一个 x，通过 this 引用调用被屏蔽的成员变量；第二个 x 根据作用域的匹配原则，直接调用使用的是方法定义的局部变量。

对于构造方法而言，this 还有一个特殊作用，那就是在构造方法中调用本类的其他构造方法。如果有一个类带有几个构造函数，那么也许想要复制其中一个构造函数的某方面效果到另一个构造函数中，可以通过使用关键字 this 作为一个方法调用来达到这个目的。如果出现这种情况，在任何构造方法中 this 调用必须是第一个语句。例如上例中的"this（0.0, 0.0, 0.0）;"语句和"this（0.0, 0.0, r）;"语句都是利用 this 在构造方法中调用本类中 public CircleWithThis（double x, double y, double r）的构造方法。

将 this 用于传递本对象引用句柄的用法也很常见。

【课堂案例】
赛车引擎升级的流程。

```
public class Racing {
    int topSpeed = 100;

    void upgradeEngine() {
        RepairFactory factory = new RepairFactory();
    // 通过 this 传递表示某个赛车调用升级方法时升级的是自己的引擎
        factory.upgradeEngine(this);
    }

    public static void main(String[] args) {
        Racing racing = new Racing();
        racing.upgradeEngine();
        System.out.println(racing.topSpeed);
    }
}

class RepairFactory {
    void upgradeEngine(Racing racing) {
        racing.topSpeed = 130;
    }
}
```

调用升级方法后，其调用对象的最高速度变成了 130，所以运行结果为 130。本示例调用的示意图如图 3-9 所示。

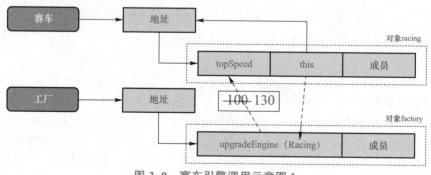

图 3-9　赛车引擎调用示意图 1

如果将代码稍做修改，变成如下形式，调用示意图如图 3-10 所示。

```
void upgradeEngine() {
    RepairFactory factory = new RepairFactory();
  // 不再传递 this，而是新建一个赛车对象
    factory.upgradeEngine(new Racing());
}
```

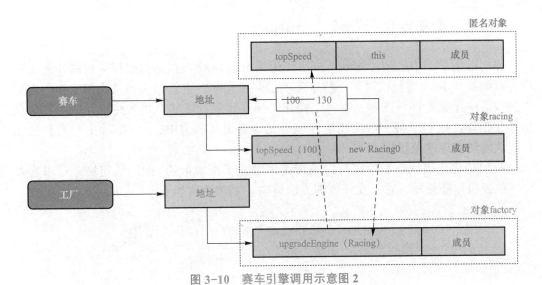

图 3-10　赛车引擎调用示意图 2

基于 this 的这个特性，可以使用它来实现对象方法的链式调用。

【课堂案例】

```
public class Leaf {
    private int i = 0;

    Leaf increment() {
        i++;
    // 方法执行后返回的是调用方法的对象本身
        return this;
    }

    void print() {
        System.out.println("i = " + i);
    }

    public static void main(String[] args) {
        Leaf x = new Leaf();
        // 链式调用
        x.increment().increment().increment().print();
    }
}
```

运行结果如下：

```
i = 3
```

3.3.7　类初始化代码块（static）

在之前的学习中已经了解到，Java 代码是由 Java 虚拟机加载解释运行的，那么有没有可能捕获 Java 虚拟机对某个特定类的加载操作呢？也就是说如果我们能够在虚拟机加载某一个类时即可以触发某一个操作，那么我们就能够完成一些更为通用的信息初始化工作，这对于某一些功能组件显得尤为突出（如 JDBC）。Java 中的类初始化代码块能够实现这个目标。

类初始化代码块在类中编写，是在类中独立于类成员的 static 语句块，可以有多个，位置可以随便放，它不在任何的方法体内，基础结构如下：

```
static{
    // 被 static{} 框定的代码段将在该类被加载时自动执行
    代码段
}
```

【课堂案例】

```
public class ClassInitBlock {
    static {
        System.out.println("ClassInitBlock 类被 Java 虚拟机加载了！");
    }

    public static void main(String[] args) {
        StaticBlock staticBlock = new StaticBlock();
    }
}

class StaticBlock {
    static {
        System.out.println("StaticBlock 类被 Java 虚拟机加载了！");
    }
}
```

由于 ClassInitBlock 类包含 main 入口，要想运行本程序，就必须要加载 ClassInitBlock 类，因此类中的 static 代码段首先被执行。同理，构建 StaticBlock 类时，也须加载 StaticBlock 类。运行结果如下：

```
ClassInitBlock 类被 Java 虚拟机加载了！
StaticBlock 类被 Java 虚拟机加载了！
```

当一个类中有多个 static{} 的时候，按照 static{} 的定义顺序，从前往后执行，并且要先执行完 static{} 语句块的内容，才会执行调用语句。

【课堂案例】

```java
public class TestStatic {
    static {
        System.out.println(1);
    }
    static {
        System.out.println(2);
    }
    static {
        System.out.println(3);
    }
    public static void main(String args[]) {
        System.out.println(5);
    }
    static {
        System.out.println(4);
    }
}
```

运行结果如下：

```
1
2
3
4
5
```

虚拟机加载类后除非特殊情况（如虚拟机内存等因素）会将类卸载，一般情况下，在整个生命周期中类都会只加载一次，又因为 static{} 是伴随类加载执行的，所以，不管 new 多少次对象实例，static{} 都只执行一次。例如：

```java
public static void main(String[] args) {
    StaticBlock staticBlock = new StaticBlock();
    StaticBlock staticBlock = new StaticBlock();
}
```

虽然实例化了两次，但是 static{} 块只执行一次，所以运行结果仍然是：

```
ClassInitBlock 类被 Java 虚拟机加载了！
StaticBlock 类被 Java 虚拟机加载了！
```

static 代码块的执行时机如下。

（1）用 Class.forName（类名）显式加载时（JDBC 时详细讲解）。

（2）new 或反射实例化一个类的对象时。

（3）调用类的 static 方法时（后续详细讲解）。

（4）调用类的 static 变量时（后续详细讲解）。

调用类的静态常量（后续详细讲解）的时候是不会加载类的，即不会执行 static{ } 语句块。当访问类的静态常量时，如果编译器可以计算出常量的值，则不会加载类，否则会加载类。

用 Class.forName（ ）形式时，也可自己设定要不要加载类，如将 Class.forName（"Test"）改为 Class.forName（"Test"，false，StaticBlockTest.class.getClassLoader（ ）），会发现 Test 没有被加载，static{ } 没有被执行。

static 代码块不能初始化类的普通成员变量，只能初始化 static 变量，其中也无法使用 this/super，因为执行代码段时还未构建对象（static 变量、super 后续详解）。例如：

```
int i=10;
static int j=10;
static{
    i=100;   // 普通成员变量不能访问
    this.i=100;   //this 不能访问
    j=100;   //static 变量可以访问
    System.out.println(1);
}
```

static 代码段和 static 变量的执行顺序规则如下。

如果静态变量在定义的时候就赋给了初值（如 static int x=100），那么赋值操作也是在类加载的时候完成的，并且当一个类中既有 static{ } 又有 static 变量的时候，同样遵循"先定义先执行"的原则。例如：

```
static{
    System.out.println(x);// 在定义之前找不到引用
    x=200;
    System.out.println(x);
}
static in x=300;
```

需要改成如下代码：

```
static in x=300;
static{
    System.out.println(x);
    x=200;
    System.out.println(x);
}
```

3.3.8　实例初始化代码块

和类初始化代码块类似，Java 还提供了实例初始化代码块，实例初始化代码块在类初始化代码块的基础上去掉了 static 关键字。

当创建 Java 对象时，Java 虚拟机总是先调用该类里定义的初始化块，如果一个类中定义了多个初始化块，则按照定义的顺序执行，这个和类初始化块类似。初始化块虽然也是 Java 类的一部分，但它没有名字，也就没有标识，因此无法通过类、对象来调用初始化块。初始化块只在创建 Java 对象时隐式执行，而且在执行构造器之前执行。

虽然可以定义多个代码块，但都是隐式执行，所以定义多个代码块没有多大意义。如果有一段初始化代码对所有对象都相同，且无须接收任何参数，就可以把这段初始化代码处理代码提取到初始化块中。

和 static 代码块不同，每次实例化对象时均会执行一次实例初始化代码块，且实例初始化代码块中可以访问成员属性，并能够使用 this 引用。

【课堂案例】

```java
public class InstanceInitBlock {
    int i, j;
    {
        i = 10;
        this.j = 100;
    }

    public static void main(String[] args) {
        InstanceInitBlock instanceInitBlock = new
InstanceInitBlock();
        System.out.println(instanceInitBlock.i);
        System.out.println(instanceInitBlock.j);
    }
}
```

运行结果如下：

```
10
100
```

3.3.9　初始化代码块和构造方法的运行顺序

类初始化代码块、实例初始化代码块和构造方法的运行顺序为：类初始化代码块→实例初始化代码块→构造方法。

【课堂案例】

```java
public class InitBlockAndConstructor {
  static{
    System.out.println(" 类初始化代码块 ");
  }
```

```
    {
        System.out.println(" 实例初始化代码块 ");

    }
    InitBlockAndConstructor(){
        System.out.println(" 构造方法 ");
    }
    public static void main(String[] args) {
            InitBlockAndConstructor ibAndConstructor = new
InitBlockAndConstructor();
    }
}
```

运行结果如下：

类初始化代码块

实例初始化代码块

构造方法

 【项目实施】

3.1 创建学生类

```
import java.util.Date;
public class Student {
    String name;
    String sex;
    int age;
    Date Birth;
    public String getName() {
            return name;
    }
    public void setName(String name) {
            this.name = name;
    }
    public String getSex() {
            return sex;
    }
    public void setSex(String sex) {
            this.sex = sex;
    }
```

```
    public int getAge() {
        return age;
    }
    public void setAge(int age) {
        this.age = age;
    }
    public Date getBirth() {
        return Birth;
    }
    public void setBirth(Date birth) {
        Birth = birth;
    }
}
```

3.2　定义构造方法

```
import java.util.Date;
public class Student {
    ……
    public Student(String name,String sex,int age){
        this.name=name;
        this.age=age;
        this.sex=sex;
    }
    ……
}
```

3.3　创建家庭住址类

```
package org;
public class Address {
    String city;
    String home;
    int postCode;
    public Address(String city,String home,int postCode){
        this.city=city;
        this.home=home;
        this.postCode=postCode;
    }
    public void print(){
```

```
        System.out.println(" 家庭住址：  "+city+home);
        System.out.println(" 邮政编码：  "+postCode);
    }
}


import java.util.Date;
import org.Address;
public class Student {
    ……
    Address address;
    public Address getAddress() {
        return address;
    }
    public void setAddress(Address address) {
        this.address = address;
    }
}
```

3.4 创建学生管理类

```
import java.text.SimpleDateFormat;
import java.util.Date;
import java.util.GregorianCalendar;
import java.util.Scanner;
import org.Address;
public class StudentManager {
    public static void main(String[] args) {
        Scanner in=new Scanner(System.in);
        System.out.print(" 请输入学生姓名：");
        // 保存输入的学生姓名
        String name=in.next();
        System.out.print(" 请输入学生性别：");
        // 保存输入的学生性别
        String sex=in.next();
        System.out.print(" 请输入学生年龄：");
        // 保存输入的学生年龄
        int age=in.nextInt();
        System.out.print(" 请输入学生出生年  月  日：");
        int year=in.nextInt();
        int month=in.nextInt();
```

```
        int day=in.nextInt();
        GregorianCalendar gc=new GregorianCalendar(year,month-
1,day);
        Date birth=gc.getTime();
        Student s=new Student(name,sex,age);
        s.setBirth(birth);
        System.out.print("请输入学生家庭所在城市：");
        // 保存输入的学生家庭所在城市
        String city=in.next();
        System.out.print("请输入学生家庭所在小区和单元：");
        // 保存输入的学生家庭所在小区和单元
        String home=in.next();
        System.out.print("请输入学生家庭邮政编码：");
        // 保存输入的学生家庭邮政编码
        int post=in.nextInt();
        Address address=new Address(city,home,post);
        s.setAddress(address);
        System.out.println("----------------");
        System.out.println("该学生的基本信息是：");
        System.out.println("姓名："+s.getName());
        System.out.println("性别："+s.getSex());
        System.out.println("年龄："+s.getAge());
        SimpleDateFormat sdf=new SimpleDateFormat("yyyy年mm
月dd日");
        System.out.println("出 生 年 月："+sdf.format(s.
getBirth()));
        s.getAddress().print();
    }
}
```

【项目收尾】

1. 面向对象编程旨在将现实世界中的概念模拟到计算机程序中，它将现实世界中的所有事物都视为对象。

2. 人们把具有相同属性和共同行为的一组对象概括为类。类是对象的一个集合，是对象中属性和方法的抽象。

3. 在一个类中定义几个同名的方法，这些方法具有不同的参数，即为方法重载。

4. 构造方法是在每次创建类的实例时调用的一种方法。

5. 类中最常见的成员是属性、方法、构造器，除此之外，类中还可以包含类及实例初始化块。

【项目拓展】

【项目要求】

在学生信息管理项目中，增加对输入信息的验证，如性别、年龄、出生日期等。要求性别输入的只能是"男"或"女"两个字符串；年龄的输入必须在 1 ～ 50 范围内；在输入的出生日期中要求年份是 4 位数据，月份是 1 ～ 12 的数据，日期是 1 ～ 31 的数据。

【拓展练习】

1. 题目：创建一个 LOL 中的英雄类和怪物类。

要求如下。

（1）在怪物类中加入生命值属、等级属性，生命值 = 等级 *1000。

（2）在英雄类中加入"经验值""等级""攻击力"等属性变量，加入"击打"方法，击打的目标是怪物，击打的结果是怪物的生命值 – 英雄攻击力。

考点：类的声明、方法的声明、对象的声明与属性调用。

难度：低。

2. 题目：自定义一个英雄类。

要求如下。

（1）英雄的级别最低为 0，最高为 30 级，经验值最低为 0，最高为 30 级时的经验值。

（2）该类中要求有一个含有参数的构造函数，参数为英雄的经验值，初始化时要保证经验值在要求范围之内，通过经验值计算英雄的级别，英雄的级别计算公式如下：

N= 当前级别，EXP（经验值）=30（N^3+5N）–80。

（3）构建一个无参的构造方法，将经验值设置为 0。

（4）利用英雄类无参和带有参数的构造函数分别构建英雄对象，并输出英雄的等级和经验值。

考点：类的声明、构造方法、this 的使用，方法的调用。

难度：中。

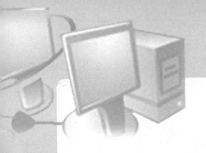

项目 4
图形计算器

【项目启动】

【项目目标】

知识目标

（1）加强面向对象特征的认知；

（2）掌握抽象类、接口的概念与功能；

（3）掌握 Java 中的枚举的使用；

（4）掌握多态性及 Java 多态特点；

（5）掌握 static 成员的特征与使用领域；

（6）掌握 final 修饰符对类及成员的修饰；

（7）掌握类之间的关系；

（8）掌握内部类的使用。

素养目标

（1）引导学生树立竞争意识，培养创新精神；

（2）培养科学精神，引导正确的科学价值观，激发民族自豪感和奋发进取心。

【任务描述】

某软件公司实现一个图形计算器，程序运行后，给出文本菜单，根据提示输入数字选项，计算不同图形的周长和面积并输出到界面上，完成后返回主菜单。对于圆输入半径，对于矩形输入长和宽，对于三角形输入 3 条边。在项目中，分别生成圆、矩形、三角形类。

输入的数应大于 0，如果输入小于等于 0 的数，应重新读取输入。

计算三角形时，先判断输入的 3 条边是否构成三角形，如不是，则应重新读取输入。

图形运算器运行结果如图 4-1 所示。

```
Problems  @ Javadoc  Console ⌧
<terminated> Test (4) [Java Application] C:\Program Files (x86)\
请选择图形：
        1.圆
        2.矩形
        3.三角形
        0.退出
～～～～～～～～～～～～～～～～～
请选择菜单：2
请输入矩形长（要求大于0的数）：3
请输入矩形宽（要求大于0的数）：4
图形是：矩形
面积是：12.0
周长是：14.0
请选择图形：
        1.圆
        2.矩形
        3.三角形
        0.退出
～～～～～～～～～～～～～～～～～
请选择菜单：0
退出图形计算器！
```

图 4-1　图形计算器运行结果

【案例链接】

"神威·太湖之光"团队创造世界超算应用奇迹

2015 年年底，国家并行计算机工程技术研究中心完成"神威·太湖之光"的研制。

2016 年 6 月，"神威·太湖之光"荣登"全球超级计算机 500 强"榜首，此后连续四次蝉联第一。

2016 年 11 月，基于"神威·太湖之光"的"千万核可扩展全球大气动力学全隐式模拟"项目获得"戈登·贝尔奖"。

2017 年 1 月，基于"神威·太湖之光"的"非线性大地震模拟"项目获得"戈登·贝尔奖"。

在这个项目中成长起来一批优智慧无穷的中国青年科学家，他们为"中国芯"努力奋斗。

启示：

中国在信息技术行业取得了很大的进步，从追赶者变为领先者。感受祖国改革开放以来的飞速进步，由超算发展历史提升自豪感，由超算人才需求促生使命感，我国科技飞速发展的背后是兢兢业业默默奉献的科学家的努力工作，由此深化职业理想和职业道德教育，以及无私奉献、开拓创新的职业品格和行为习惯。

【相关知识】

4.1　访问权限控制

4.1.1　面向对象的三大特征介绍

面向对象的三个基本特征是封装、继承和多态。

访问属性控制

1．封装

把客观事物封装成抽象的类，并且类可以把自己的数据和方法只让可信的类或者对象操作，对不可信的进行信息隐藏。在一个对象内部，某些代码或某些数据可以是私有的，不能被外界访问。通过这种方式，现实世界可以被描绘成一系列完全自治、封装的对象，这些对象通过一个受保护的接口访问其他对象。

2．继承

继承是一种联结类的层次模型，并且允许和鼓励类的重用，它提供了一种明确表述共性的方法。

一个新类可以从现有的类中派生，这个过程称为类继承，新类继承了原始类的特性，新类称为原始类的派生类（子类），而原始类称为新类的基类（父类）。

派生类可以从它的基类那里继承方法和实例变量，并且类可以修改或增加新的方法使之更适合特殊的需要。

3．多态性

多态性是指允许不同类的对象对同一消息作出响应。多态性语言具有灵活、抽象、行为共享、代码共享的优势。

4.1.2 封装的意义

事实上，封装的优越性在生活中无处不在，比如麦当劳的汉堡和肯德基的汉堡都是你爱吃的东西，虽然口味有所不同，但不管你去麦当劳或肯德基，只管向服务员说"来两个鸡排汉堡"就行了。这就是暴露的获取汉堡数据的接口，而你不用关心烹制汉堡里面鸡排的油是大豆油还是玉米油……

封装是把过程和数据包围起来，只能通过已定义的接口对数据进行访问。面向对象编程始于这个基本概念，即现实世界可以被描绘成一系列完全自治、封装的对象，这些对象通过一个受保护的接口访问其他对象。封装是一种信息隐藏技术，在 Java 中通过控制成员的访问权限实现封装，即使用方法将类的数据隐藏起来，控制用户修改类和访问数据的程度。适当的封装可以让代码更容易理解和维护，也加强了代码的安全性。

4.1.3 包的概念与作用

为了更好地组织类，Java 提供了包机制，用于区别类名的命名空间。包的作用是把功能相似或相关的类或接口组织在同一个包中，方便类的查找和使用。

如同文件夹一样，包也采用了树形目录的存储方式。同一个包中类的名字是不同的，不同的包中类的名字可以是相同的，当同时调用两个不同包中相同类名的类时，应该加上包名加以区别。因此，包可以避免名字冲突。包也提供了限定了访问权限的一个控制范围，拥有包访问权限的类才能访问某个包中的类。

Java 使用包这种机制是为了防止命名冲突，进行访问控制，提供搜索和定位类、接口、枚举和注解等，它把不同的 Java 程序分类保存，使其更方便地被其他 Java 程序调用。

以下是一些 JDK 中常用的包。

（1）java.lang：打包基础的类，如 String、Math、Integer 等。

（2）java.io：包含输入输出功能的函数。

（3）java.util：包含一些重要的工具，如集合接口、日期函数等。

（4）java.net：包含网络相关的类或接口。

（5）java.awt：包含图形用户界面的类或接口。

包

开发者可以自己把一组类组合定义自己的包。而且在实际开发中这样做是值得提倡的，将相关的类分组，可以让其他的编程者更容易地确定哪些类、接口、枚举和注解等是相关的。

由于包创建了新的命名空间，所以不会跟其他包中的任何名字产生命名冲突。使用包这种机制，更容易实现访问控制，并且让定位相关类更加简单。

4.1.4 package 与 import 关键字

1. package

Java 中用 package 语句来将一个 Java 源文件中的类打成一个包。package 语句必须作为 Java 源文件的第一条语句，指明该文件中定义的类所在的包（若忽略该语句，则指定为无名包）。它的语法格式如下：

```
package pkg1[.pkg2[.pkg3…]];
```

Java 编译器把包对应于文件系统的目录管理。package 语句中，用"."来指明目录的层次。

【课堂案例】

```
package com.chinasofit.etc.example.se.oop.advanced;
public class PackagedClass {

}
```

在源代码的第一句使用 package 语句，显式声明该类所属的包。构建一个类，并显式声明该类位于 com.chinasofti.etc.example.se.oop.adcanced 包中，其文件系统存储结构如图 4-2 所示，包结构直接被反映成了文件系统的文件夹结构。

包声明应该在源文件的第一行，每个源文件只能有一个包声明，这个文件中的每个类型都应用于它。

图 4-2　文件系统存储结构

2．import

为了能够使用其他包的成员，需要在 Java 程序中明确导入该包。使用 import 语句可完成此功能。在 java 源文件中 import 语句应位于 package 语句之后，所有类的定义之前，可以没有，也可以有多条，其语法格式如下：

```
import package1[.package2…].(classname|*);
```

如果在一个包中，一个类想要使用本包中的另一个类，那么不需导入包名。

【课堂案例】

引用其他包中的类。

```
package com.chinasofit.etc.example.se.oop.advanced.package1;
public class PackagedUtil {

}
```

第一种方式：使用类时提供类的全限定名。

```
package com.chinasofit.etc.example.se.oop.advanced.package2;
```

```
public class PackagedUtilTest1 {
  public static void main(String[] args){
   com.chinasofit.etc.example.se.oop.advanced.package1.
  PackagedUtil util=
   new com.chinasofit.etc.example.se.oop.advanced.package1.
   PackagedUtil();
}
}
```

第二种方式：使用 import 语句导入类后直接使用类名。

```
package com.chinasofit.etc.example.se.oop.advanced.package2;
import com.chinasofit.etc.example.se.oop.advanced.package1.
PackagedUtil;
public class PackagedUtilTest2{
  public static void main(String[] args){
        PackagedUtil util=new PackagedUtil();
  }
}
```

import 语句中类名部分可以使用通配符"*"，符号"*"表示直接导入包中所有的类。如："import com.chinasofit.*;"表示导入 com.chinasofti 包中所有的类。需要注意的是包和子包之间不存在继承关系，只要两个类不直接在同一个文件中即认为位于不同的包，因此"*"号只能包含本包中的类而不能包含子包中的类。

java.lang.* 包中包含了 Java 语言中的核心工具（lang → language），因此 Java 将其作为缺省加载的包存在，即使用该包中的类时无须 import 语句。

4.1.5　包的命名规则

创建包的时候，需要为这个包取一个合适的名字，根据 Java 包的约定，名字内的所有字母都应小写，之后，如果非同包的其他的一个源文件使用了这个包提供的类、接口、枚举或者注释类型，都必须在这个源文件的开头说明所引用的包名。

通常，一个公司使用其互联网域名的颠倒形式来作为它的包名。例如互联网域名是 chinasofti.com，那么所有的包名都以 com.chinasofti 开头。

4.1.6　类的访问控制符

有了包的概念之后，可以通过某种方式按照权限要求过滤对类的访问。要控制类的访问，需要使用访问控制符。

顶层类的访问级别有两种。

（1）默认的（不提供访问控制符）：仅可被同包的其他代码访问。

（2）public：可以被任何代码访问。

【课堂案例】

测试同包的类访问。

```
package com.chinasofit.etc.example.se.oop.advanced;
// 公共访问权限
public class PublicPermissionControl {

}

package com.chinasofit.etc.example.se.oop.advanced;
// 没有public关键字，说明是默认访问权
class DefaultPermissionControl {

}

package com.chinasofit.etc.example.se.oop.advanced;
public class PermissionControlTestSamePkg {
    public static void main(String[] args){
        // 三个类在同一个包中，均可访问
    DefaultPermissionControl dpControl=new DefaultPermissionControl();
    PublicPermissionControl ppControl=new PublicPermissionControl();
    }
}
```

【课堂案例】

测试不同包的类访问。

```
package com.chinasofit.etc.example.se.oop.advanced.package1;
import com.chinasofit.etc.example.se.oop.advanced.*;
public class PermissionControlTestSamePkg {
    public static void main(String[] args){
        // 不在一个包中，类不可见
    DefaultPermissionControl dpControl=new DefaultPermissionControl();
        // 公开权限，可以使用
    PublicPermissionControl ppControl=new PublicPermissionControl();
    }
}
```

4.1.7　类成员的访问控制符

除了类自身存在访问控制外，类的成员还存在更为精确的权限控制体系。为了实

现封装特性，可以通过对类成员的权限访问来隐藏数据而暴露操作接口（简单来说就是阻止对成员变量的直接操作而由暴露成员方法对数据进行操作）。

类成员的访问级别有四种：private、default（和类的 default 类似，不提供修饰符即默认权限）、protected、public。

1．public

任何其他类对象，只要可以看到这个类，那么它就可以存取变量的数据，或使用方法。不能单纯以成员访问控制符确定一个成员是否能够访问，如果类本身不能被访问，那么即便成员为 public 公开权限，也是不能被访问的。

【课堂案例】

```
package com.chinasofit.etc.example.se.oop.advanced.package1;
public class PackagedUtil {
    public int publicField=10;
}


package com.chinasofit.etc.example.se.oop.advanced.package2;
import com.chinasofit.etc.example.se.oop.advanced.package1.
PackagedUtil;
public class PackagedUtilTest2 {
    public static void main(String[] args){
            PackagedUtil util=new PackagedUtil();
            // 任何代码中只要能够访问到类代码，即可访问该类的 public 成员
            uiil.publicField=100;
            System.out.println(uiil.publicField);
            }
}
```

2．private

不允许任何其他类存取和调用。

【课堂案例】

```
package com.chinasofit.etc.example.se.oop.advanced.package1;
public class PackagedUtil {
    public int publicField=10;
    private int privateField=10;
}


package com.chinasofit.etc.example.se.oop.advanced.package2;
```

```
import com.chinasofit.etc.example.se.oop.advanced.package1.
PackagedUtil;
public class PackagedUtilTest2 {
   public static void main(String[] args){
         PackagedUtil util=new PackagedUtil();
         uiil.publicField=100;
         System.out.println(uiil.publicField);
         // 任何类都无法访问其他类中的 private 成员
         uiil.privateField=100;
   }
}
```

3．protected

如果一个类中变量或方法有修饰字 protected，同一类、同一包可使用。不同包的类要使用，必须是该类的子类（继承关系，后续详细介绍）。

需要注意的是，即便在非同包的子类中，也只能通过直接调用继承下来的成员的方式访问 protected 成员，而不能使用父类的引用进行调用。

【课堂案例】
在一个包中的示例。

```
package com.chinasofit.etc.example.se.oop.advanced.package1;
public class PackagedUtil {
    public int publicField=10;
    private int privateField=10;
    protected int protectedField=10;
}
class ProtectedTest {
   public static void main(String[] args){
         PackagedUtil util=new PackagedUtil();
        // 在同一个包中可以正常访问
        uiil.protectedField=100;
   }
}
```
不在同一个包中的示例。

```
package com.chinasofit.etc.example.se.oop.advanced.package2;
import com.chinasofit.etc.example.se.oop.advanced.package1.
PackagedUtil;
public class PackagedUtilTest2 {
```

```
public static void main(String[] args){
        PackagedUtil util=new PackagedUtil();
        uiil.publicField=100;
        System.out.println(uiil.publicField);
        uiil.privateField=100;
        // 不同包中的非子类不能访问
        uiil.protectedField=100;
    }
}
class PackagedUtilTest1 exetends PackagedUtil {
    // 子类能够通过直接调用继承成员的方式访问
    int j=protectedField;
    public static void main(String[] args){
        PackagedUtil util=new PackagedUtil();
        // 即便是子类也不能通过父类引用的方式访问
        int i=util.protectedField;
    }
}
```

4．default

在同一包中出现的类才可以访问。即便是子类，不在同一个包中也不能访问。
成员访问控制符总结见表 4-1。

表 4-1　成员访问控制符总结

成员	同一个类中	同一个包中	不同包中的子类	不同包中的非子类
private	★			
default	★	★		
protected	★	★	★	
public	★	★	★	★

　　封装是将对象的信息隐藏在对象内部，禁止外部程序直接访问对象内部的属性和方法，Java 封装类通过以下三个步骤实现。
　　（1）修改属性的可见性，限制访问权限。
　　（2）设置属性的读取方法。
　　（3）在读取属性的方法中，添加对属性读取的限制。

4.2　继承

4.2.1　继承的意义

在现实生活中的继承，可以理解为儿子继承了父亲的财产，即财产重用。面向对象程序设计中的继承，则是代码重用。复用代码是 Java 众多引人注目的功能之一。但要想成为极具革命性的语言，仅能够复制代码并对其加以改变是不够的，它还必须能够做更多的事情。尽可能地复用代码是程序员一直在追求的，继承就是一种复用代码的方式，也是 Java 的三大特性之一。继承是 Java 面向对象编程技术的一块基石，因为它允许创建分等级层次的类。

继承是利用现有的类创建新类的过程，现有的类称作基类（或父类），创建的新类称作派生类（子类）。继承就是子类继承父类的特征和行为，它使子类对象（实例）具有父类的实例域和方法；或子类从父类继承方法，使子类具有与父类相同的行为。通过使用继承能够非常方便地复用以前的代码，大大地提高开发的效率。继承的具体意义如下。

（1）继承是能自动传播代码和重用代码的有力工具。

（2）继承能够在某些比较一般的类的基础上建造、建立和扩充新类。

（3）能减少代码和数据的重复冗余度，并通过增强一致性来减少模块间的接口和界面，从而增强了程序的可维护性。

（4）能清晰地体现类与类之间的层次结构关系。

继承是单方向的，即派生类可以继承和访问基类中的成员，但基类则无法访问派生类中的成员。在 Java 中只允许单一继承方式，即一个派生类只能继承于一个基类，而不能像 C++ 中那样派生类继承于多个基类（多重继承方式）。

4.2.2　extends 关键字

在 Java 中，使用 extends 关键字描述类与类之间的继承关系，其基本用法如下：

【访问权限修饰符】【修饰符】子类名　extends　父类名｛子类体｝

由于 Java 是单亲继承体系，因此在描述类与类的继承关系时，extends 关键字后面只能是一个名字，而不能是一个列表。

【课堂案例】

```
package com.chinasofit.etc.example.se.oop.advanced.extend;
```

```java
public class Person {
    protected String name;
    protected int age;
    protected String sex;
    public void run() {
        System.out.println(" 跑步 ");
    }
    public static void main(String[] args) {
        Husband hasband = new Husband();
        Wife wife = new Wife();
        hasband.run();
        hasband.drive();
        wife.cook();
    }
}
public class Husband extends Person{
    private Wife wife;
    // 子类新增加的成员方法
    public void drive() {
        System.out.println(" 开车 ");
    }
}
public class Wife extends Person{
    private Husband husband;
    // 子类新增加的成员方法
    public void cook() {
        System.out.println(" 烹饪 ");
    }
}
```

对于 Wife、Husband 使用继承后，除了代码量的减少，还能够非常明显地看到它们的关系。运行结果如下：

```
跑步
开车
烹饪
```

继承定义了类如何相互关联，共享特性。继承的规则如下。

（1）子类拥有父类的属性和方法（private 成员由于权限关系不能访问）。

（2）子类可以拥有自己的属性和方法，即子类可以对父类进行扩展。

（3）子类可以用自己的方式实现父类的方法。

Java 中的继承树根节点为 Object，所有 Java 中的类都直接或间接继承自 Object。

4.2.3 构造方法与继承

通过前面的知识我们知道子类可以继承父类的属性和方法，但是子类继承不了构造方法。对于构造方法而言，它只能够被调用，而不能被继承。当构建子类对象时会优先隐式自动调用父类的无参构造方法，而且这个构建调用过程是从父类"向外"递归扩散的，也就是从父类开始向子类一级一级地完成构建，即如果 C 继承自 B，而 B 继承自 A，那么构建 C 的对象时，会先调用 A 的构造方法，然后调用 B 的构造方法，最后调用 C 的构造方法，依此类推。

【课堂案例】
在 Person、Husband、Wife 案例中加入构造方法。

```
package com.chinasofit.etc.example.se.oop.advanced.extend;
public class Person {
    protected String name;
    protected int age;
    protected String sex;
    public void run() {
        System.out.println(" 跑步 ");
    }
    public Person() {
        System.out.println("Person 类的构造方法 ");
    }
    public static void main(String[] args) {
        Husband hasband = new Husband();
        Wife wife = new Wife();
        hasband.run();
        hasband.drive();
        wife.cook();
    }
}
public class Husband extends Person{
    private Wife wife;
    public Husband() {
        System.out.println("Husband 类的构造方法 ");
    }
    // 子类新增加的成员方法
    public void drive() {
```

```
        System.out.println(" 开车 ");
    }
}
public class Wife extends Person{
    private Husband husband;
    // 子类新增加的成员方法
    public void cook() {
        System.out.println(" 烹饪 ");
    }
}
```

构建 Husband 对象时，自动优先调用父类 Person 的构造方法。运行结果如下：

```
Person 类的构造方法
Husband 类的构造方法
跑步
开车
烹饪
```

根据上述示例，对于继承而言，子类会默认调用父类的无参构造方法，也就是说子类必须能够访问父类的一个构造方法，并且一定会调用。

4.2.4 super 关键字

如果想让子类实例化时调用父类其他构造器，需要使用 super 关键字，该调用必须位于子类构造方法的第一行。

【课堂案例】

在 Person、Husband、Wife 案例中加入带参构造方法，使用 super 关键字调用。

```
package com.chinasofit.etc.example.se.oop.advanced.extend;
public class Person {
    protected String name;
    protected int age;
    protected String sex;
    public void run() {
        System.out.println(" 跑步 ");
    }
    public Person(int age) {
        this.age = age;
    }
    public Person() {
        System.out.println("Person 类的构造方法 ");
```

```
    }
    public static void main(String[] args) {
            Husband hasband = new Husband();
            Wife wife = new Wife();
            hasband.run();
            hasband.drive();
            wife.cook();
    }
}
public class Husband extends Person{
    private Wife wife;
    public Husband() {
    // 显式调用服务对应版本构造方法
    super(10);
    System.out.println("Husband 类的构造方法 ");
    }
    // 子类新增加的成员方法
    public void drive() {
            System.out.println(" 开车 ");
    }
}
public class Wife extends Person{
    private Husband husband;
    // 子类新增加的成员方法
    public void cook() {
            System.out.println(" 烹饪 ");
    }
}
```

4.2.5 方法覆盖的作用

继承的作用就是复用，即子类直接使用父类的属性和方法。然而，有些时候，子类希望修改父类的方法，应该怎么做呢？

第一种做法是子类创建一个不同名字的新方法，实现新的逻辑，然而，这种做法会导致子类依然包含父类中的那个方法，却不使用，破坏封装性。

我们希望子类中的方法依然和父类方法的声明形式一样，但是具体方法体却不同，这种做法就叫作方法覆盖。

【课堂案例】

```java
package com.chinasofit.etc.example.se.oop.advanced.extend;
public class Bird {
    public void move() {
        System.out.println("飞翔吧，少年");
    }
    public static void main(String[] args) {
        Penguin penguin = new Penguin();
        penguin.move();// 调用子类的 move 方法
        Ostrich ostrich = new Ostrich();
        ostrich.move();// 调用子类的 move 方法
    }
}
// 企鹅类
public class Penguin extends Bird {
    @Override
    public void move() {
        System.out.println("我不能上天，我不能奔跑，但是我在水里
很快");
    }
}
// 鸵鸟类
public class Ostrich extends Bird {
    @Override
    public void move() {
        System.out.println("奔跑吧，兄弟");
    }
}
```

在上面的鸟类示例中，企鹅和鸵鸟均需要覆盖鸟类的 move 方法。运行结果如下：

我不能上天，我不能奔跑，但是我在水里很快

奔跑吧，兄弟

4.2.6 方法覆盖的规则

要想完成方法覆盖，需要遵从以下几个规则。

（1）发生方法覆盖的两个方法的方法名、参数列表必须完全一致（子类重写父类的方法），方法返回值如果是基本数据类型，则返回值应该保持一致，如果返回值是类，则子类覆盖方法的返回值必须是父类方法返回值或其子类。

（2）子类抛出的异常不能超过父类相应方法抛出的异常（子类异常不能大于父类

异常）（异常处理后续详细介绍）。

（3）子类方法的访问级别不能低于父类相应方法的访问级别。

4.2.7　super 关键字在方法覆盖中的使用

如果在子类覆盖的方法里或其他地方需要明确使用父类声明的方法版本，可以使用 super 关键字显示调用。

【课堂案例】

在鸟类案例的企鹅类中使用 super 关键字调用父类中的方法。

```java
package com.chinasofit.etc.example.se.oop.advanced.extend;
public class Bird {
    public void move() {
            System.out.println("飞翔吧，少年");
    }
    public static void main(String[] args) {
            Penguin penguin = new Penguin();
            penguin.move();// 调用子类的 move 方法
            Ostrich ostrich = new Ostrich();
            ostrich.move();// 调用子类的 move 方法
    }
}
// 企鹅类
public class Penguin extends Bird {
    @Override
    public void move() {
            System.out.println(" 我不能上天，我不能奔跑，但是我在水里
很快 ");
            System.out.println(" 在水里我就可以：");
            super.move();
    }
}
// 鸵鸟类
public class Ostrich extends Bird {
    @Override
    public void move() {
            System.out.println(" 奔跑吧，兄弟 ");
    }
}
```

运行结果如下：

我不能上天，我不能奔跑，但是我在水里很快
在水里我就可以：
飞翔吧，少年
奔跑吧，兄弟

事实上，在子类中也能够声明和父类中同名的成员变量，此时在子类中通过变量名访问，使用的是子类自己定义的成员，也可以使用 super 来显示调用父类成员。

【课堂案例】

```java
package com.chinasofit.etc.example.se.oop.advanced.extend;
public class Bird {
    public int age = 10;
    public void move() {
        System.out.println("飞翔吧，少年");
    }
    public static void main(String[] args) {
        Penguin penguin = new Penguin();
        penguin.move();// 调用子类的 move 方法
        Ostrich ostrich = new Ostrich();
        ostrich.move();// 调用子类的 move 方法
    }
}
// 企鹅类
public class Penguin extends Bird {
    public int age = 20;
    @Override
    public void move() {
    System.out.println("我不能上天，我不能奔跑，但是我在水里很快");
        System.out.println("在水里我就可以：");
        System.out.println("我的 age:"+age);
        System.out.println("父类的 age:"+super.age);
        super.move();
    }
}
// 鸵鸟类
public class Ostrich extends Bird {
    @Override
    public void move() {
```

```
        System.out.println(" 奔跑吧，兄弟 ");
    }
}
```

成员变量的情况和成员方法的情况不同，成员变量是静态绑定不能被子类重写，由其作用域规则，得出运行结果如下：

```
我不能上天，我不能奔跑，但是我在水里很快
在水里我就可以：
我的 age:20
父类的 age:10
飞翔吧，少年
奔跑吧，兄弟
```

需要注意，虽然能通过 super.function（）的方式调用父类中声明的 function 方法，但 super 和 this 不同，它不是一个真正意义上的引用，因此不能将其作为参数传递给其他调用者。

4.3　多态性

多态性

4.3.1　多态性定义

Java 的多态性指允许不同类的对象对同一消息做出响应，即同一消息可以根据发送对象的不同而采用多种不同的行为方式，其中发送消息就是方法调用。

现实中，关于多态性的例子不胜枚举。比方执行按 F1 键这个动作，如果当前在 IE 界面下，弹出的是浏览器的帮助文档；如果当前在 Word 界面下，弹出的就是 Office 帮助；如果当前在 Windows 界面下，弹出的就是 Windows 帮助和支持。

可见，同一个事件发生在不同的对象上会产生不同的结果，因此，多态性主要适用于消除类型之间的耦合关系。

Java 的多态性就是指程序中定义的引用变量所指向的具体类型和通过该引用变量发出的方法调用在编译时并不确定，而是在程序运行期间才确定，即一个引用变量到底会指向哪个类的实例对象，该引用变量发出的方法调用到底是哪个类中实现的方法，必须在程序运行期间才能决定。因为在程序运行时才确定具体的类，这样，不用修改源程序代码，就可以让引用变量绑定到各种不同的类实现上，从而导致该引用调用的具体方法随之改变，即不修改程序代码就可以改变程序运行时所绑定的具体代码，让程序可以选择多个运行状态，这就是多态性。

4.3.2　对象向上造型

在继承关系中，继承者完全可以替换被继承者，反之则不可以。

例如：人类是父类，男人、女人是子类，一个人是男人，一定也是人类，所以向上转型不需要强制，但是一个人是人类，不一定是男人，所以需要强制转。

从上例来看：

"人 person = new 男人（）"是合理的；

"男人 person = new 人（）"则不合理。

所谓的向上造型就是父类的引用（栈中）指向子类的对象（堆中），例如：

```
package com.chinasofit.etc.example.se.oop.advanced;
public class Bird {
    public void castingTest() {
        // 父类引用指向子类对象
        Bird bird = new Ostrich();
        // 子类引用不能指向父类对象
        Ostrich ostrich = new bird();
    }
}
public class Ostrich extends Bird {
    @Override
    public void move() {
        System.out.println(" 奔跑吧，兄弟 ");
    }
}
```

4.3.3 编译期类型与运行期类型

在进行对象造型时，用来声明引用的父类类型称为编译期类型，而实际用于构建对象的子类类型称为运行期类型。例如：Bird bird = new Ostrich（），其中 Bird 为编译期类型，Ostrich 为运行期类型。那么这个时候直接使用 bird 对象调用成员变量和成员方法究竟应该调用编译器类型中声明的还是调用运行期类型中重写的呢？

Object 和 Class

引用变量在编译阶段只能调用其编译时类型所具有的方法，但运行时则执行它运行时类型所具有的方法。因此，编写 Java 代码时，引用只能调用编译器类型里包含的成员。例如，通过 Object p =new Persion（）代码定义一个变量 p，则这个 p 只能调用 Object 类的方法，而不能调用 Persion 类里定义的方法。

对象在满足条件的情况下也能进行向下造型，即显式的将父类引用指向的对象转换为子类类型。向下造型的要求是：进行向下造型的对象，其运行期类型必须是子类或以子类为根的继承树中的其他类型（Ostrich extends Bird）。例如：

```
public class Bird {
    public void castingTest() {
        //bird 对象的运行期类型是 Ostrich 本身，可以造型
```

```
        Bird bird = new Ostrich();
        Ostrich ostrich =(Ostrich)bird;
    }
}


public class Bird {
    public void castingTest() {
        //bird 对象的运行期类型是 Bird，它是 Ostrich 的父类，因此不再以
Ostrich 为根的继承树中，不能造型
        Bird bird = new Bird();
        Ostrich ostrich =(Ostrich)bird;
    }
}
```

4.3.4　多态环境下属性和方法的调用特点

Java 代码中的数据和行为（变量和方法）在进行绑定（即通过对象调用成员变量或方法时究竟调用哪个版本，如覆盖后的方法）的时候划分为两种类型：静态绑定和动态绑定。静态绑定发生在编译时期，动态绑定发生在运行时期。

类的成员变量（属性）都是静态绑定的（编译时），也就是说，类中声明的成员变量不能被子类中的同名属性覆盖，通过该类的引用调用成员，始终调用该类自身中声明的属性（即始终调用编译期类型中的属性）。

【课堂案例】

```
package com.chinasofit.etc.example.se.oop.advanced;
public class StaticBind {
    public int i = 10;
    public static void main(String[] args) {
        StaticBind staticBind = new StaticBindSub();
    // 运行结果 :10。输出了编译期类型中声明的版本
        System.out.println(staticBind.i);
    }
}
class StaticBindSub extends StaticBind {
    public int i = 100;    //i 不能被重写
}
```

对于 Java 中的方法而言，除了 final、static、private 和构造方法是静态绑定外，其他方法全部为动态绑定，这就意味着方法调用将动态使用运行期类型版本。

【课堂案例】

```
package com.chinasofit.etc.example.se.oop.advanced;
public class DynamicBind {
    public void foo() {
        System.out.println(" 父类中的方法版本 ");
    }
    public void polymorphismArg(DynamicBind arg) {
        arg.foo();
    }
    public static void main(String[] args) {
        DynamicBind dynamicBind = new DynamicBindSub();
        // 运行结果：子类中的方法版本。运行了运行期类型中声明的版本
        dynamicBind.foo();
    }
}
class DynamicBindSub extends DynamicBind {
    // 方法被重写
    public void foo() {
        System.out.println(" 子类中的方法版本 ");
    }
}
```

由上述特点可以看出：

（1）重载方法中具体调用哪个版本是通过静态绑定在编译期就决定了的；

（2）重写覆盖的方法调用哪个版本是通过动态绑定在运行期决定的。

4.3.5　多态参数的使用

如果将方法的形参声明为父类类型，结合前面介绍的方法参数的功能（即调用方法代码前会隐式执行形参和实参之间的赋值操作），由于子类的对象赋值给父类的引用是合法的，那么在调用方法时，实参就可以是以形参类型为根的继承树中的任意类型。

此时形参对应的运行期类型和传进来的实参运行期类型保持一致。

【课堂案例】

```
package com.chinasofit.etc.example.se.oop.advanced;
public class DynamicBind {
    public void foo() {
        System.out.println(" 父类中的方法版本 ");
    }
```

```
public void polymorphismArg(DynamicBind arg) {// 形参是父类
类型
        arg.foo();
    }
    public static void main(String[] args) {
        DynamicBind dynamicBind = new DynamicBindSub();
        dynamicBind.polymorphismArg(dynamicBind);// 实参运行期
类型是子类类型
        //dynamicBind.foo();
    }
}
class DynamicBindSub extends DynamicBind {
    // 方法被重写
    public void foo() {
        System.out.println(" 子类中的方法版本 ");
    }
}
```

4.3.6　instanceof 运算符

实参可能是形参的任意子孙类，某些时候需要在方法中明确究竟参数的运行期类型是什么，那么 instanceof 运算符提供了一种解决方法。运算符 instanceof 用来判断对象是否属于某个类的实例，具体语法格式如下：

```
对象 instanceof 类
```

该表达式为一个 boolean 表达式，如果对象的类型是后面提供的类或其子类，则返回 true，反之返回 false。

4.4　抽象

4.4.1　抽象（abstract）的作用

可简单地理解，Java 的抽象就是只声明行为接口（方法签名）而不完成具体的实现。

我们为什么需要抽象呢？举一个生活中的实例。每种门锁都有自己独特的 open( ) 处理方法，而这种处理方法对于其他锁类来说没有价值，因此，锁类的 open( ) 方法不具备一个有传播价值的版本，从逻辑上来说，锁这个类的 open( ) 方法就不应该实现，而应该交给指纹锁、密码锁等类具体实现。

Java 中，抽象类主要用来进行类型隐藏，也就是使用抽象的类型来编程，但是具体运行时就可以使用具体类型。利用抽象的概念，能够在开发项目中创建扩展性很好的架构，优化程序。

抽象类、抽象方法，在软件开发过程中都是设计层面的概念。也就是说，设计人员会设计出抽象类、抽象方法，程序员都是来继承这些抽象类并覆盖抽象方法，实现具体功能。

对于理想的继承树，所有叶子应该都是具体类，而所有的树枝都是抽象类。在实际中当然不可能完全做到，但是应尽可能向此目标靠拢（接口继承）。

4.4.2 抽象类

在面向对象的概念中，所有的对象都是通过类来描绘的，但是反过来不是这样。并不是所有的类都是用来描绘对象的，如形状类是抽象的类，圆、三角形等是具体类。

抽象类

用 abstract 修饰的类就是抽象类。抽象类是抽象方法的容器，如果某个类中包含抽象方法，那么该类就必须定义成抽象类。抽象类中也可以包含非抽象的方法甚至抽象类中可以没有抽象方法（只要一个类不应该有具体对象，就应该是抽象类，它不一定有抽象方法）。

抽象类不可以直接实例化，只可以用于继承，作为其他类的父类存在。抽象类的派生子类应该提供对其所有抽象方法的具体实现。如果抽象类的派生子类没有实现其中的所有抽象方法，那么该派生子类仍然是抽象类，只能用于继承，而不能实例化，但可以有构造函数（用于帮助子类快速初始化共有属性）。

【课堂案例】
门锁案例。

```
package com.chinasofit.etc.example.se.oop.advanced;
// 通过 abstract 修饰符说明 Lock 类是一个抽象类，不能用于直接构建对象
public abstract class Lock {

}
class TestLock {
    public static void main(String[] args) {
        Lock lock=new Lock();// 抽象类不能实例化对象
    }
}
```

4.4.3 抽象方法

门锁案例中锁的 open 方法在锁类的各个子类中不存在传播性，不同的子类的实

现完全不同，没有必要（从逻辑上也不应该）提供默认实现。那么这个方法在锁类中就应该定义为抽象方法。

抽象方法同样用 abstract 说明，抽象方法没有方法体，只有方法签名，在方法签名后直接使用"；"结尾。可以这么认为，抽象方法实际上就是由抽象基类强制要求其派生子类必须实现的方法原型。构造方法和 final、static 方法不可以修饰为 abstract。

抽象方法必须位于抽象类中。

【课堂案例】

门锁案例。

```
package com.chinasofit.etc.example.se.oop.advanced;
public abstract class Lock {
    public abstract void open();
}
class FingerprintLock extends Lock {
    // 符合重写覆盖条件才能实现父类的抽象方法
    public void open() {
        System.out.println(" 验证指纹并确定是否开锁 ");
    }
}
class TestLock {
    public static void main(String[] args) {
        Lock lock=new FingerprintLock();
    }
}
```

通过 abstract 修饰符说明 open 方法是一个抽象方法。"Lock lock=new Fingerprint Lock（）；"语句根据多态规则，lock 的运行期类型为 FingerprintLock，因此调用 open 方法时，使用的是子类实现的版本。运行结果如下：

验证指纹并确定是否开锁

如果这个类中有抽象方法，这个类就是抽象类；在抽象类中不一定要有抽象方法。

4.5 final 修饰符

4.5.1 常量

在 Java 中，final 关键字有最终的、不可修改的含义。final 关键字有三种用途，可以分别应用于变量、成员方法和类。

final,this,null

如果将某个变量修饰为 final，那么该变量就成为常量，一般语法：

[访问权限] final 数据类型 常量名 = 值;

常量在声明时必须初始化，声明之后不能对其进行二次赋值，其后任何试图对常量进行赋值的语句都将报错。常量示例如下：

```
public class FinalVal {
    final int i =10;// 通过 final 说明 i 为常量，常量必须初始化
    public void foo(){
        i=100;// 任何试图为 i 赋值的操作都将报错
    }
}
```

4.5.2 final 方法

如果将某个成员方法修饰为 final，则意味着该方法不能被子类覆盖，这就和抽象方法必须由子类实现的规定互相矛盾，因此，final 和 abstract 不能同时修饰一个方法。

final 方法的一般声明格式如下：

[访问权限] final 返回值类型 方法名（参数列表）{
......
}

final 方法示例如下：

```
public class FinalMethod {
    public final void foo() {//foo 方法为 final 方法，子类不能覆盖

    }
}
class FinalMethodSub extends FinalMethod {
    public void foo() {// 视图覆盖 final 方法，编译器报错

    }
}
```

4.5.3 final 类

如果将某个类修饰为 final，则说明该类无法被继承，一般语法格式如下：

[访问权限] final class 类名 {
成员列表
}

final 类示例如下：

```
public final class FinalClass {//FinalClass 类为最终类，不能被继承
```

```
}
class FinalClassSub extends FinalClass{// 试图继承 final 类，报错

}
```

Java 中有一个最常用的 final 类：java.lang.String。

4.6　static

4.6.1　static 成员特征

针对一个类所有对象的共性属性，Java 采用 static 成员完成统一调用。static 在变量或方法之前，表明它们是属于类的，称为类方法（静态方法）或类变量（静态变量）。若无 static 修饰，则是实例方法和实例变量。和类的其他成员属性不同，static 成员并不存放在对象对应的堆空间中，通过对 JVM 的分析发现，其会将 static 成员存放在方法区中，每个对象的相应 static 共享同一段内存。

static 成员的特征可以用图 4-3 描述。

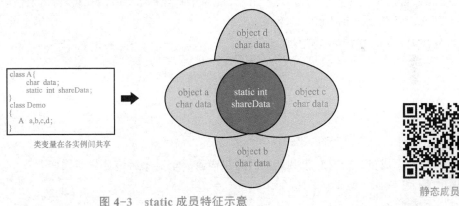

图 4-3　static 成员特征示意

静态成员

4.6.2　static 属性

在成员变量前加 static 关键字，可以将其声明为静态成员变量。如果类中成员变量被定义为静态，那么不论有多少个对象，静态成员变量都只有一份内存拷贝，即所有对象共享该成员变量。静态成员变量的作用域只在类内部，但其生命周期贯穿整个程序。

在没有实例化对象时，可以通过类名访问静态成员变量，也可以通过对象访问静态成员变量，但不论使用的是哪个对象，访问到的都是同一个变量（因此建议不管是

否有对象均由类名调用，这更符合逻辑）。

【课堂案例】

```
package com.chinasofit.etc.example.se.oop.advanced;
public class StaticTest {
    public static final String APP_NAME = "OA System @
Chinasofti";
    public static void main(String[] args) {
        Cat cat = null;
        for (int i = 0; i < 5; i++) {
            cat = new Cat();
            new Dog();
        }
        System.out.println(cat.counter);
        System.out.println(Dog.counter);// 直接使用类名调用静态
成员
    }
}
```

```
class Cat {
    // 普通实例成员，构造方法每次只能对本对象的 counter 自增，因此构建对象
后，所有对象的 counter 值均为 1
    public int counter = 0;
    public Cat() {
        counter++;
    }
}
```

```
class Dog {
    // 静态成员，所有对象共享，因此每构建一个对象后该计数器累加
    public static int counter = 0;
    public Dog() {
        counter++;
    }
}
```

运行结果如下：

```
1
5
```

4.6.3 static final 常量

可以将 static 和 final 联合起来使用。当一个变量被 static 和 final 共同修饰时，和

仅用 static 修饰的变量差异在于声明时必须初始化，而且在整个程序生命周期内不能再对这个变量进行二次赋值。

static final 常量通常用于保存整个应用程序共享的常量值，例如：

```
public static final String APP_NAME = "OA System @Chinasofti";
```

4.6.4　static 方法

在成员方法前加 static 关键字，可以将其声明为静态成员方法。静态成员方法只能对方法自生的局部变量或类的静态成员变量进行操作。

静态成员方法没有 this 引用。

和静态成员变量一样，可以通过类名或对象访问静态成员方法（建议使用类名）。

【课堂案例】

```
package com.chinasofit.etc.example.se.oop.advanced;
public class HumanStatic {
    public static String population = " 灵长目，人科人属 ";
    public static void setPopulation(String newPopulation) {
        //static 方法只能操作方法自身的局部变量或类的 static 成员
        population = newPopulation;
    }
    public static void main(String[] args) {
        // 通过类名直接调用 static 方法
        HumanStatic.setPopulation(" 灵长目，类人猿科人属 ");
        System.out.println(HumanStatic.population);
    }
}
```

运行结果如下：

```
灵长目，类人猿科人属
```

4.6.5　static 方法和实例方法之间互相调用的情况

在实例方法中可以直接调用 static 方法。

在 static 方法中无法直接调用本类中声明的其他实例方法，如果需要调用，只能在方法体中构建本类的对象，然后利用该对象调用实例方法。

static 方法可以直接调用本类中声明的其他 static 方法。

在实例方法中可以直接访问 static 成员变量，而在 static 方法中不能直接访问非 static 的成员变量。

4.6.6 this 为什么不能在 static 方法中使用

之所以在非静态方法中可以使用 this，是因为非静态方法参数传递时，有一个隐式参数 this，这个 this 就是调用该方法的对象本身，比如：

```
Object o=new Object();
o.toString();
```

实际上是有参数传递的，即 toString（Object this），且 o==this，这样在非静态方法中就可以通过 this 来得到调用对象的其他成员和方法，私有成员的也可以。

static 方法属于类而不属于某个对象。其在加载类时就已经被虚拟机初始化，此时不存在任何对象的概念，所以没有办法传递隐式参数 this，自然也就不能通过 this 调用对象本身了，但这并不意味着不能调用非静态域。可以通过显示参数传递来做到这一点。

4.7　接口

4.7.1　接口的作用与定义

下面是一个悲伤的故事。

A 国和 B 国即将开战，A 国主要上前线做战前动员，他坚持要乘坐坦克才肯前去，没办法，坦克只好继承 Vehicle（交通工具），但到了前线，B 国突然开始进攻，A 国坦克想要发挥作用时，发现了这样一个方法 attack（Weapon weapon）……A 国国主卒，A 国战败。

接口

如何能够防止悲剧重演？

一个比较有效的办法就是让坦克同时具备武器和交通工具的行为特征（事实上也正是如此，而且坦克具备其他类型特征，比如金属品等）。

从上述案例也能更深入地认识到"接口继承"的重要性，在 Java 中提供了一个特殊的类型来提供更标准的"接口继承"，类型的名称恰恰就叫接口（interface）。

接口是设计层面的概念，往往由设计师设计，将定义与实现分离。

程序员实现接口，实现具体方法。面向接口编程和面向对象编程并不是平级的，它并不是比面向对象编程更先进的一种独立的编程思想，而是附属于面向对象思想体系，属于其一部分。或者说，它是面向对象编程体系中的思想精髓之一。

面向接口编程的意思是指在面向对象的系统中所有的类或者模块之间的交互是由接口完成的。

Java 中接口的一般定义形式如下：

```
[访问权限] interface 接口名 {
        公开静态常量列表;
```

```
            公开抽象方法列表；
}
```

例如：

```
public interface Weapon {


}
```

在 Java 中接口是一个比抽象类更加抽象的概念，由于只声明行为，因此在接口中的方法均是抽象的。表 4-2 中罗列了接口和抽象类的区别。

表 4-2　接口和抽象类的区别

类别	abstract class	interface
属性	不用限制	public 静态常量
构造方法	可有可无	没有
普通方法	可以有具体方法	必须是 public 抽象方法
子类	单一继承	多重实现（接口继承接口时为多重继承）

4.7.2　接口中的常量、方法

从表 4-2 中可以看出：

（1）在成员变量方面，在接口中只存在公开静态常量（即便没有使用 static final 修饰，Java 也会默认确定其性质）。

（2）在成员方法方面，在接口中只存在公开抽象方法（即便没有 abstract 修饰，Java 也会默认其抽象性质）。

接口中的成员示例如下：

```
public interface Weapon {
    //声明成员变量列表，即便没有修饰符，它们也是public static final 的，
成员变量也只能被这几个修饰符修饰
    int ATTACK_SPEED_FAST = 200;
    int ATTACK_SPEED_SLOW = 50;
    //声明成员方法列表，即便没有修饰符，它们也是public abstract 的，成
员方法也只能被这两个修饰符修饰
    void attack();
}
```

4.7.3　类实现接口

接口是比抽象类抽象层次更高的一个概念，因此和抽象类一样，它不能用于实例化对象，只能作为继承树的高层结构被子类实现〔子

接口与类的关系

类实现接口被称为 implements（实现），其体现形式和继承类似]。

类实现接口，本质上与类继承类相似，区别在于"类最多只能继承一个类，即单继承，而一个类却可以同时实现多个接口"，多个接口用逗号隔开即可。实现类需要覆盖所有接口中的所有抽象方法，否则该类也必须声明为抽象类。

接口定义的是多个类都要实现的操作，即"what to do"。类可以实现接口，从而覆盖接口中的方法，实现"how to do"。

类实现接口的一般语法格式如下：

```
[修饰符] class <类名> [extends 父类名] [implements 接口列表]{

}
```

一个类可以同时继承自一个父类并实现若干接口。implements 用于指定该类实现的是哪些接口。当使用 implements 关键字的接口列表中存在多个接口名时，各个接口名之间使用逗号分隔。

【课堂案例】

```java
public interface Weapon {
    int ATTACK_SPEED_FAST = 200;
    int ATTACK_SPEED_SLOW = 50;
    void attack();
}

public class Vehicle {
    private boolean isStart = false;
    public void start() {
        isStart = true;
    }
    public void stop() {
        isStart = false;
    }
}

public class Tank extends Vehicle implements Weapon {
    // 实现接口需要实现接口中声明的所有方法，否则子类也需要声明为抽象类
    public void attack() {
        System.out.println("fire in the hole!");
    }
}
```

4.7.4　接口的继承

新的接口可以继承自原有的接口，新的接口将拥有原有接口的所有抽象方法。
Java 接口继承接口的原则如下。
（1）Java 接口可以继承多个接口。
（2）接口继承接口依然使用关键字 extends，不要错用成 implements。
（3）在声明接口之间的继承关系时，extends 关键字后面可以是一个列表。
Java 接口继承接口的语法格式如下：

```
interface3 extends interface0, interface1, interface…… {


}
```

例如：

```
interface newInterface extends Weapon, Serializable{


}
```

接口继承与类继承对比：Java 类的继承是单一继承，Java 接口的继承是多重继承。

接口可实现多继承原因分析：不允许类多重继承的主要原因是，如果 A 同时继承 B 和 C，而 B 和 C 同时有一个 D 方法，则 A 无法确定该继承哪一个。接口全都是抽象方法，不存在实现冲突，继承谁都可以，所以接口可继承多个接口。

4.8　枚举

4.8.1　枚举的概念

在枚举出现之前，如果想要表示一组特定的离散值，往往使用一些常量。例如：

```
// 接口的抽象级别更高，一般状态、标识信息使用接口声明
public interface Entity {
    // 即便不显示声明，接口中的成员变量也是 public static final 的
    int VEDIO = 1;
    int AUDIO = 2;
    int IMAGE = 3;
    int TEXT = 4;
}
```

当然，常量也不仅仅局限于 int 型，诸如 char 和 String 等也是不在少数。使用这些常量的方法如下：

```
class EntityTest {
```

```
    int type;
    public int test() {
        type = Entity.AUDIO;
        return type;
    }
}
```

定义常规的静态常量后使用存在的一些小问题如下。

（1）代码可读性差、易用性低。由于 test 方法的返回值代表类型，但它是 int 型的，在阅读代码的时候往往会感到一头雾水，根本不明白这个数值到底是什么意思，代表的是什么类型。

（2）类型不安全。在用户去调用的时候，必须保证类型完全一致，同时取值范围也要正确。如对某些对象的类型属性进行赋值时，−1 等非法的值满足类型要求，却不存在于离散值列表之中，会出现较多的问题。

（3）耦合性高，扩展性差。例如，假如针对类别做了一个有效性验证，如果类别增加了或者有所变动，则有效性验证也需要做对应的修改，不利于后期维护。

枚举就是为了解决上述问题而诞生的。它给出了将一个任意项同另一个项相比较的能力，并且可以在一个已定义项列表中进行迭代。

枚举（在 Jave 中简称为 Enum）是一个特定类型的类。所有枚举都是 Java 中的新类 java.lang.Enum 的隐式子类，此类不能手工进行子类定义。

4.8.2　枚举的声明

枚举的基本声明格式如下：

```
[访问权限] enum 枚举名 {
枚举值列表
}
```

例如：

```
public enum TypeEnum {
VIDEO, AUDIO, TEXT, IMAGE
}
```

4.8.3　枚举的使用

【课堂案例】

```
public class EnumEntity {
    private TypeEnum type;
    public TypeEnum getType() {
        return type;
    }
```

```
    public void setType(TypeEnum type) {
        this.type = type;
    }
    public static void main(String[] args) {
        EnumEntity ee = new EnumEntity();
        ee.setType(TypeEnum.AUDIO);
    }
}
```

"ee.setType（TypeEnum.AUDIO）;"语句中的 EnumEntity 类对象 ee 在调用 setType（ ）时，可选值只有四个，否则会出现编译错误，因此可以看出，枚举是类型安全的，不会出现取值范围错误的问题。同时，客户端不需要建立对枚举中常量值的了解，使用起来很方便，并且可以容易地对枚举进行修改，而无须修改客户端。如果常量从枚举中被删除了，那么客户端将会失败并且将会收到一个错误消息。

枚举可以用在 switch case 语句中，能让代码的可读性更强。

【课堂案例】

```
enum Signal {
    GREEN, YELLOW, RED
}

public class TrafficLight {
    Signal color = Signal.RED;
    public void change() {
        switch (color) {
        case RED:
            color = Signal.GREEN;
            break;
        case YELLOW:
            color = Signal.RED;
            break;
        case GREEN:
            color = Signal.YELLOW;
            break;
        }
    }
}
```

所有的枚举都继承自 java.lang.Enum 类。由于 Java 不支持多继承，所以枚举对象不能再继承其他类。枚举可以实现接口。

所有枚举值都是 public、static、final 的。注意这一点只是针对枚举值，可以和在普通类里面定义变量一样定义其他任何类型的非枚举变量,这些变量可以用任何想用的修饰符。

Enum 默认实现了 java.lang.Comparable 接口。

Enum 覆载了 toString 方法。

Enum 提供了一个 valueOf 方法,这个方法和 toString 方法是对应的。

Enum 还提供了 values 方法,这个方法能够方便地遍历所有的枚举值。

Enum 还有一个 oridinal 的方法,这个方法返回枚举值在枚举类种的顺序,这个顺序根据枚举值声明的顺序而定。

4.9　关联与依赖

4.9.1　类的关联关系

关联是一种结构关系,说明一个事物的对象与另一个事物的对象相联系。给定有关联的两个类,可以从一个类的对象得到另一个类的对象。关联有两元关系和多元关系。两元关系是指一种一对一的关系,多元关系是一对多或多对一的关系。

关联就是某个对象会长期地持有另一个对象的引用,而二者的关联往往也是相互的。关联的两个对象彼此间没有任何强制性的约束,只要二者同意,可以随时解除关系或是进行关联,它们在生命期问题上没有任何约定。被关联的对象还可以再被别的对象关联,所以关联是可以共享的。

两个类之间的简单关联表示了两个同等地位类之间的结构关系。当要表示结构化关系时使用关联。关联表示 has-a 关系,如学生拥有一个课程,往往表现为 B 作为 A 的属性存在(A 关联 B)。

4.9.2　一对一及一对多关系的举例说明

最典型的一对一关系莫过于人和证件之间的关联,例如:一个人只能有一个驾照,而一个驾照只能归属于一个人。

```java
public class Human {
    DrivingLicense license;
}
class DrivingLicense {
    Human human;
}
```

人还可以跟其他事物构建一对多的关联关系,比如将驾照换为荣誉证书,那么一个人可以有多个荣誉证书,我们可以使用数组或集合来描述这个关系。

```
public class Human {
    DrivingLicense license;
    CertificateOfHonor[] certificates;
}
class CertificateOfHonor {
}
class DrivingLicense {
    Human human;
}
```

4.9.3 关联关系的意义

关联关系还可以细分为聚合和组合两种。

聚合是一种特殊的关联，表示整体对象拥有部分对象。关联关系和聚合关系从语法上是没办法区分的，从语义上才能更好地区分两者。聚合是较强的关联关系，强调的是整体与部分之间的关系。聚合的整体和部分之间在生命周期上没有什么必然的联系，部分对象可以在整体对象创建之前创建，也可以在整体对象销毁之后销毁。

组合是聚合的一种形式，它具有更强的拥有关系，强调整体与部分的生命周期是一致的，整体负责部分的生命周期的管理。生命周期一致指的是部分必须在组合创建的同时或者之后创建，在组合销毁之前或者同时销毁，部分的生命周期不会超出组合的生命周期。例如，Windows 的窗口和窗口上的菜单就是组合关系。如果整体被销毁，部分也必须跟着一起被销毁，如果所有者被复制，部分也必须一起被复制。

聚合是强版本的关联。它暗含着一种所属关系以及生命期关系。被聚合的对象还可以再被别的对象关联，所以被聚合对象是可以共享的。虽然是共享的，聚合代表的是一种更亲密的关系。典型的例子很多，比如：

```
public class Human {
    House myHome;
}
class House{
}
```

我的家和我之间具有一种强烈的所属关系，我的家是可以分享的，而这里的分享又可以有两种。其一是聚合间的分享，这正如我和我的家人都对这个家有着同样的强烈关联；其二是聚合与关联的分享，如果我的朋友来家里吃个便饭，我是不会给他（她）配一把钥匙的。

组合是关系当中的最强版本，它直接要求包含对象对被包含对象的拥有以及包含对象与被包含对象生命周期的关系。

```
public class Human {
    Heart myHeart=new Heart();
}
```

```
class Heart{


}
```

组合关系就是整体与部分的关系，部分属于整体，整体不存在，部分一定不存在。

4.9.4　依赖关系的代码表示

依赖关系是一种使用关系，特定事物的改变有可能影响使用该事物的事物，反之不成立。此关系最为简单，也最好理解，所谓依赖就是某个对象的功能依赖另外的某个对象，而被依赖的对象只是作为一种工具在使用，而并不持有对它的引用。

依赖体现了 use　a 关系。依赖关系一般使用方法的参数体系。

一个人自出生就需要不停地呼吸，而人类的呼吸功能之所以能维持生命就在于吸进来的气体发挥了作用，所以说空气只不过是人类的一个工具，而人类并不持有对它的引用。

```
public class Human {
    DrivingLicense license;
    CertificateOfHonor[] certificates;
    public void breath(Air freshAir) {


    }
}
class Air {


}
```

4.10　内部类

4.10.1　内部类的作用

内部类是 Java 独有的一种语法结构，即在一个类的内部定义另一个类，此时，内部类就成为外部类中的成员，其访问权限遵循类成员的访问权限机制，可以是 public、protected、缺省和 private。内部类可以很方便地访问外部类中的其他成员。

根据内部类的定义，可发现它能实现一些特殊的需要：完善多重继承、形成闭包。

1. 完善多重继承

正如之前所述，继承耦合度太高。比如一个人想飞，于是就继承了鸟这个类，然后拥有了一对翅膀和厚厚的羽毛，可这些对于一个人并不需要，所以 Java 发明了接口，以行为契约的方式提供功能。想想看，你的程序里成员变量会比方法多吗？况且多重继承会遇到死亡菱形问题，就是两个父类有同样名字的函数，继承谁的呢？所以 Java 只支持单重继承，若想扩展功能，需要去实现接口。

很快 Java 的设计者就发现他们犯了矫枉过正的错误，多重继承还是有一定用处的，比如每一个人都是同时继承父亲和母亲两个类，于是 Java 内部类应运而生。使用内部类最吸引人的地方是每个内部类都能独立地继承一个（接口的）实现，所以无论外围类是否已经继承了某个（接口的）实现，对于内部类都没有影响。

2. 形成闭包

内部类是面向对象的闭包，因为它不仅包含创建内部类的作用域的信息，还自动拥有一个指向此外围类对象的引用，在此作用域内，内部类有权操作所有的成员，包括 private 成员。

4.10.2 内部类的声明与使用

当我们在创建一个内部类的时候，它无形中就与外围类有了一种联系，依赖这种联系，它可以无限制地访问外围类的元素。

【课堂案例】

```java
public class OuterClass {
    private String name;
    private int age;
    public class InnerClass {
        public InnerClass() {
            // 可以直接访问外部类的成员变量
            name = "Jerry";
            age = 23;
        }
        public void display() {
            System.out.println("name: " + name + "    ;age: " + age);
        }
    }
    public static void main(String[] args) {
        OuterClass outerClass = new OuterClass();
        OuterClass.InnerClass innerClass = outerClass.new
```

```
InnerClass();
        innerClass.display();
    }
}
```

"OuterClass.InnerClass innerClass = outerClass.new InnerClass( );"语句完成了内部类对象的创建，内部类对象的创建过程如下。

（1）构建外部类对象。

（2）以"外部类 . 内部类"的形式进行声明。

（3）以"外部内对象 .new 内部类构造方法 ( )"的方式构建对象。

运行结果如下：

```
name：Jerry   ；age：23
```

内部类是一个编译时的概念，一旦编译成功后，它就与外围类属于两个完全不同的类（当然它们之间还是有联系的）。对于一个名为 OuterClass 的外围类和一个名为 InnerClass 的内部类，在编译成功后，会出现这样两个 class 文件：OuterClass.class 和 OuterClass$InnerClass.class。

在 Java 中内部类主要分为成员内部类、局部内部类、匿名内部类、静态内部类。

上个示例演示了成员内部类的使用，成员内部类是最普通的内部类，它是外围类的一个成员，所以它可以无限制地访问外围类的所有成员属性和方法，虽然是 private 的，但是外围类要访问内部类的成员属性和方法则需要通过内部类实例来实现。

在成员内部类中要注意两点。

第一，成员内部类中不能存在任何 static 的变量和方法。

第二，成员内部类是依附于外围类的，所以只有先创建了外围类才能够创建内部类。

还有一种内部类，它嵌套在方法和作用域内，这种类主要用于解决比较复杂的问题。想创建一个类来辅助我们的解决方案，又不希望这个类是公共可用的，因此就产生了局部内部类。局部内部类和成员内部类一样被编译，只是它的作用域发生了改变，它只能在该方法和作用域中被使用，出了该方法和作用域就会失效。

【课堂案例】

局部内部类示例如下：

```
public class OuterClass1 {
    private String name;
    private int age;
    public void display() {
        // 内部类定义在了方法的内部，那么只有在方法体里才能使用
        class InnerClass {
            public InnerClass() {
```

```
                name = "Jerry";
                age = 24;
            }
            public void display() {
                System.out.println("name: " + name + "
;age: " + age);
            }
        }
        InnerClass ic = new InnerClass();
        ic.display();
    }
    public static void main(String[] args) {
        OuterClass1 outerClass = new OuterClass1();
        outerClass.display();
    }
}
```

运行结果如下：

```
name：Jerry    ;age：23.
```

4.10.3　局部内部类操作外部类成员和方法临时变量的规则

局部内部类对外部类变量访问的规则：局部内部类可以直接操作外部类的成员变量，但是对于方法的临时变量（包括方法的参数），只有是 final 常量时才能操作。

```
public void display(final int arg) {
        class InnerClass {
            public InnerClass() {
                name = "Jerry";
                age = arg;  //final 变量，可以读取
            }
            public void display() {
                System.out.println("name: " + name + "
;age: " + age);
            }
        }
}
```

4.10.4　静态内部类

关键字 static 可以修饰成员变量、方法、代码块，其实它还可以修饰内部类，使用 static 修饰的内部类称为静态内部类或嵌套内部类。静态内部类与非静态内部类之

间的最大区别就是，非静态内部类在编译完成之后会隐含地保存一个引用，该引用指向创建它的外部类，但是静态内部类却没有。没有这个引用就意味着：

（1）它的创建是不需要依赖外部类的；

（2）它不能使用任何外部类的非 static 成员变量和方法；

（3）和成员内部类不同，静态内部类能够声明 static 成员。

【课堂案例】

```java
public class OuterClass2 {
    private String sex;
    public static String name = "Jerry";
    static class InnerClass1 {
        // 可以定义 static 成员
        public static String staticName = "Jerry_Static";
        public void display() {
                System.out.println("OutClass name :" + name);
        }
    }
    public void display() {
        System.out.println(InnerClass1.staticName);
        // 静态内部类构建对象时不需要依赖外部类的对象
        new OuterClass2.InnerClass1().display();
    }
    public static void main(String[] args) {
        OuterClass2 outer = new OuterClass2();
        outer.display();
    }
}
```

4.10.5　匿名内部类

如果一个内部类仅需要构建一个单一的对象，那么这个类其实并不需要额外取一个特有的名字，对于不存在名字的内部类，称为匿名内部类。匿名内部类必须继承一个父类或实现一个接口。

匿名内部类的声明格式如下：

［访问权限］［修饰符］父类名／接口名 引用名 = new 父类名／接口名（［父类构造方法参数列表］）{

匿名内部类成员

};

【课堂案例】

```java
public class AnonymousInnerClass {
    private String name = "Jerry";
    private int age = 24;
    // 声明一个匿名的 IFoo 接口子类，并利用声明的这个子类构建一个对象由 foo
引用指向
    IFoo foo = new IFoo() {
        public void display() {
            System.out.println("name: " + name + "    ;age: "+age);
        }
    };
    public static void main(String[] args) {
        AnonymousInnerClass aiClass = new AnonymousInnerClass();
        aiClass.foo.display();
    }
}
interface IFoo {
    public void display();
}
```

　　匿名内部类没有构造方法（匿名内部类没有显式类名），匿名内部类要想完成一些初始化工作可以交由类初始化或实例初始化代码块来完成。匿名内部类对类成员、方法临时变量的访问规则和具备名字的内部类保持一致。

 【项目实施】

4.1　构建图形类、圆类、矩形类、三角形类

```java
class Shape {
    private int sideNumber;// 边数
    private String type;// 类别

    public String getType(){
        return type;
    }
}


public class Circle extends Shape{
    double r;
```

```
    public double getArea(){
        return Math.PI*r*r;   // 返回圆面积
    }
    public double getPerimeter(){
        return 2*Math.PI*r;    // 返回圆周长
    }
}


public class Rectangle extends Shape{
    double width,height;
    public double getArea(){
        return width*height;   // 返回矩形面积
    }
    public double getPerimeter(){
        return 2*(width+height);    // 返回矩形周长
    }
}


public class Triangle extends Shape{
    double s1,s2,s3;

    public double getArea(){
        double s=(s1+s2+s3)/2;
        double area=Math.sqrt(s*(s-s1)*(s-s2)*(s-s3));
        return area;   // 返回三角形面积
    }
    public double getPerimeter(){
        return s1+s2+s3;    // 返回三角形周长
    }
}
```

4.2 定义父类和子类的构造方法

```
class Shape {
    ......
    public Shape(int sideNumber){
        this.sideNumber=sideNumber;
        switch(sideNumber){
```

```
        case 1:
              type=" 圆 ";
              break;
        case 3:
              type=" 三角形 ";
              break;
        case 4:
              type=" 矩形 ";
              break;
        default:
              type=" 本程序无法计算！ ";
        }
    }
    ……
}


public class Circle extends Shape{
    ……
    public Circle(double r){
        super(1);
        this.r=r;
    }
    ……
}


public class Rectangle extends Shape{
    ……
    public Rectangle(double width,double height){
        super(4);   // 调用超类的构造方法
        this.width=width;
        this.height=height;
    }
    ……
}


public class Triangle extends Shape{
```

```
……
    public Triangle(double s1,double s2,double s3){
        super(3);
        this.s1=s1;
        this.s2=s2;
        this.s3=s3;
    }
    ……
}
```

4.3　构建抽象图形类

```
public abstract class Shape1 {
    public abstract double getArea();//求面积
    public abstract double getPerimeter();//求周长
}

public class Circle extends Shape1{
    ……
}

public class Rectangle extends Shape1{
    ……
}

public class Triangle extends Shape1{
    ……
}
```

4.4　构建图形接口

```
public interface ShapeInterface {
    public abstract double getArea();//求面积
    public abstract double getPerimeter();//求周长
}

public class Circle extends Shape implements ShapeInterface{
    ……
}
```

```
public class Rectangle extends Shape implements ShapeInterface{
    ……
}

public class Triangle extends Shape implements ShapeInterface{
    ……
}

import java.util.Scanner;
public class Test{
    static Scanner input =new Scanner(System.in);
    static ShapeInterface shape;

    public static void main(String[] args) {
        double width,height;
        double r;
        double s1,s2,s3;
        do{
            System.out.println("请选择图形：");
            System.out.println("\t1.圆");
            System.out.println("\t2.矩形");
            System.out.println("\t3.三角形");
            System.out.println("\t0.退出");
            System.out.println("~~~~~~~~~~~~~~~~~~~~~~~~~");
            System.out.print("请选择菜单:");
            int chose=input.nextInt();
            switch(chose){
                case 1:
                    do{
                        System.out.print("请输入圆半径（要求大于0
的数）: ");
                        r=input.nextDouble();
                    }while(r<=0);
                    shape=new Circle(r);
                    System.out.println("图形是："+new Circle(r).
getType());
                break;
                case 2:
                    do{
```

```
                    System.out.print("请输入矩形长（要求大于0
的数）: ");
                    width=input.nextDouble();
                }while(width<=0);
                do{
                    System.out.print("请输入矩形宽（要求大于0
的数）: ");
                    height=input.nextDouble();
                }while(height<=0);
                shape=new Rectangle(width,height);
            System.out.println("图形是: "+new Rectangle(width,
height).getType());
                break;
            case 3:
                do{
                    System.out.print("请输入三角形的三边长（要求
大于0的数，并且两边之和大于第三边）: ");
                    s1=input.nextDouble();
                    s2=input.nextDouble();
                    s3=input.nextDouble();
                }while(s1<=0||s2<=0||s3<=0||(s1+s2<=s3)||(s3+s
2<=s1)||(s1+s3<=s2));
                shape=new Triangle(s1,s2,s3);
            System.out.println("图形是: "+new Triangle(s1,s2
,s3).getType());
                break;
            case 0:
                System.out.println("退出图形计算器!");
                System.exit(0);
            default:
                System.out.println("无此菜单!");
                System.exit(0);
            }
        System.out.println("面积是: "+shape.getArea());
        System.out.println("周长是: "+shape.getPerimeter());
        }while(true);
    }
}
```

【项目收尾】

1. 面向对象的三个基本特征是：封装、继承、多态。

2. 抽象类实际上是一套规范，它规定了子类必须定义的方法。

3. 面向接口编程是指在面向对象的系统中所有的类或者模块之间的交互是由接口完成的。

4. 枚举（在 Jave 中简称为 Enum）是一个特定类型的类。

5. 多态性是指一种事物的多种表现形式。

6. static 在变量或方法之前，表明它们是属于类的，称为类方法（静态方法）或类变量（静态变量）。

7. final 修饰符可以对变量、方法以及类进行修饰。

8. 类之间的关系包括关联关系和依赖关系。

9. 被嵌套在一个类里面的类称为内部类。

【项目拓展】

【项目要求】

在图形计算器项目中，除了圆、矩形、三角形的周长和面积的计算之外，再加入梯形的计算。

【拓展练习】

1. 题目：设计一个车类 Vehicle，包含的属性有车轮个数 wheels 和车重 weight。小车类 Car 是 Vehicle 类的子类，其中包含的属性有载人数 loader。卡车类 Truck 是 Car 类的子类，其中包含属性有载重量 payload。每个类都有相关数据的输出方法。其中每个类包含无参和有参的构造方法。构造方法用于对成员变量的初始化，无参的构造方法将初始化为 0 值。

考点：继承的应用、构造方法。

难度：低。

2. 题目：定义一个 Rectangle（长方形）实现 AreaInterface 接口，该类有两个 private 访问权限的双精度浮点型变量 x（长）和 y（宽）；定义一个 public 访问权限的构造方法，用来给类变量赋值；实现 area 方法得到长方形的面积；定义 toString 方法，返回一段字符串信息，内容如下："该长方形面积为："+ 面积。

定义一个 TestArea 类，在它的 main 方法中创建一个 Rectangel 的实例，长为 10.0，宽为 20.0，输出它的面积。

考点：接口的定义、实现，方法的调用。

难度：低。

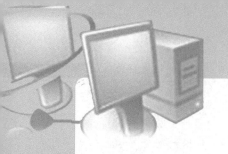

项目 5

电子商城

【项目启动】

【项目目标】

知识目标

（1）理解并正确使用包装器类型；

（2）理解 String 类不可变特征，掌握字符串相关类的区别；

（3）掌握 Java 中的集合框架。

素养目标

涵养工匠精神，提升学生职业素养。

【任务描述】

随着计算的普及，以及网民数量的增加，网上购物已成为电子商务的一项基本任务，其借助网络平台实现 C2C 模式的交易。因为其业务量大，客户需求多，所以网上购物变得复杂。电子商城以其方便、快捷的特点，提高了顾客购物的效率，为顾客节省了大量的时间。

越来越多的企业开始通过电子商城网站推出自己的商品，某软件公司为盛大公司开发了一个电子商城项目，实现的功能主要有查看商品信息、添加商品到购物车、显示购物车、新增商品、删除商品、修改商品中的库存以及查看指定名称的商品，运行结果如图 5-1 所示。

图 5-1　电子商城运行结果

【案例链接】

马化腾创业故事

有了互联网之后，各种即时通信工具应运而生。马化腾创立的 QQ 即时通信工具，改变了数亿人的沟通习惯，创造了一种网络时代的文化和一种新的盈利模式，受到了广大网民的欢迎。1998 年，他和好友张志东注册成立了"腾讯"（公司），从此踏上了创业征途，当时所有员工包括他在内一共只有 5 人。1999 年腾讯开发了易于国人应用的即时通信网络工具——OPEN-ICQ（简称 OICQ），2000 年更名为 QQ。在马化腾为资金犯难的时候，他产生了要把 QQ 卖掉的想法，先后和四家公司谈判，都以失败告终，马化腾只好四处筹钱。他最后碰到了 IDG 和盈科数码，他们给了 QQ220 万美元的投资。之后的十几年间，QQ 用户数一路飙升。如今的腾讯集团开拓了不少新领域，吸引不少网民，还成为世界 500 强企业。

启示：

要做好职业规划，并为之努力，遇到挫折及时调整并坚持计划，不放弃，要不断践行执着专注、精益求精、一丝不苟、追求卓越的工匠精神，努力提升自身的职业素养。

 【相关知识】

5.1 包装器类型

5.1.1 包装器类型的概念及作用

Java 语言中有 8 个基本数据类型，对应 8 个类，这 8 个类统称包装器类型（Wrapper 类）。使用这 8 个包装器类型，能够把某一种基本数据类型的变量转换成引用类型，从而使用类中的方法进行更多操作。

5.1.2 种类型举例说明

Java 语言中的 8 个包装器类型见表 5-1。

表 5-1　包装器类型

类型	字节型	短整型	整型	长整型	单精度、浮点型	双精度浮点型	字符型	布尔型
基本数据类型	byte	short	int	long	float	double	char	boolean
包装器类型	Byte	Short	Integer	Long	Float	Double	Character	Boolean

以 Integer 类为例，可以把 int 型转换成 Integer 引用类型。

```
int i=10;
Integer io=new Integer(i);
```

接下来就可以调用 Integer 类中的方法，例如：

```
double d=io.doubleValue();
```

上述代码中调用了 Integer 类中的 doubleValue 方法，返回一个 double 型的数值。

5.1.3 自动装箱拆箱

装箱：基本数据类型转换为包装器类型，称为装箱（boxing），例如 int 型转换为 Integer 类型。

拆箱：包装器类型转换为基本数据类型，称为拆箱（unboxing），例如 Integer 类型转换为 int 型。

JDK1.5 以后，装箱、拆箱可以自动进行。

5.2　字符串类型

5.2.1　Java 中的字符串的 final 特征

与上节学习到的包装器类型一样，字符串也是 API 中的一个类，是一种引用类型。这个类型在实际编程中使用非常多。这个类型使用了 final 修饰，意思是不能被扩展，不能被修改。

5.2.2　字符串常量池

字符串可以用两种方式赋值，并有一个非常重要的特征，即不可变性（immutable）。不可变的意思是：一旦一个字符串被创建后，它的值就不能被修改。例如：

```
String s1="Hello";
s1="World";
```

上述代码的执行过程如图 5-2 所示。

图 5-2　字符串不变性的执行过程

这里，并不是把 Hello 改为了 World，而是重新分配空间存储 World，s1 的值发生了改变，指向了新的空间。

为了能够重用这些不变的字符串，Java 使用了字符串常量池。凡是用"="直接赋值得到的字符串，都存储在常量池中，相同的共用一个具体字符串。

使用 new 创建的字符串不适用于常量池，每次都分配新的内存空间，例如：

```
String s2="Hello";
String s3="Hello";
String s4=new String("Hello");
String s5=new String("Hello");
```

上述代码的基本过程如图 5-3 所示。

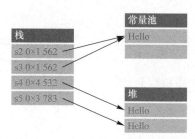

图 5-3　new 字符串的执行过程

s1 与 s2 使用 "=" 赋值，所以使用常量池，指向同一个 Hello。s3 与 s4 使用 new 创建，没有用常量池，每次都分配新的空间，指向一个新的 Hello。

5.2.3　StringBuffer 及 StringBuilder 与 String 的区别

Java 语言中有一个 StringBuffer 类，称为字符串缓冲区，其所表示的也是一个字符序列。这个类型必须用 new 创建对象，和 String 相反，它是可变的类。例如：

```
StringBuffer sbf1=new StringBuffer ("Etc");
StringBuffer sbf2=new StringBuffer ("Java");
sbf1.append(sbf2);
System.out.println(sbf1);
```

输出结果为 Etc Java，这证明 StringBuffer 是一个可变的字符串类。

Java 语言中的还有一个 StringBuilder 类，它与 StringBuffer 兼容，但是不保证线程同步。这三个类的区别如下。

（1）String 类是不可变的，对象一旦被创建，就不能被修改；可以使用 "=" 直接赋值，此时使用常量池；也可以使用 new 创建，不使用常量池。

（2）StringBuffer 是可变的，对象创建后，可以修改；必须使用 new 关键字。

（3）StringBuilder 是不同步的，在单线程情况下比 StringBuffer 高效；必须使用 new 关键字。

5.3　集合接口

5.3.1　Collection 接口

Collection 接口是最基本的集合接口，它不提供直接的实现，JavaSDK 提供的类都是继承自 Collection 的 "子接口"，如 List 和 Set。Collection 所代表的是一种规则，它所包含的元素都必须遵循一条或者多条规则。如有些允许重复而有些则不能重复，有些必须按照顺序插入而有些则是散列，有些支持排序但是有些则不支持。

在 Java 中所有实现了 Collection 接口的类都应该提供两套标准的构造函数，一个是无参的，用于创建一个空的 Collection，一个是带有 Collection 参数的有参构造函数，用于创建一个新的 Collection，这个新的 Collection 与传入的 Collection 具备相同的元素。

图 5-4 简要描述了集合框架的组成。

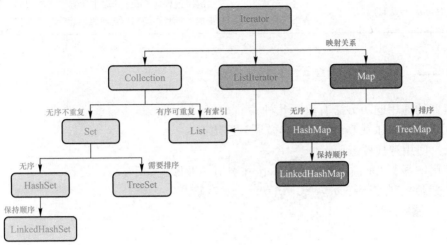

图 5-4　集体框架的组成

5.3.2　Collection 重要方法

Collection 接口为集合提供一些统一的访问接口，覆盖了向集合中添加元素、删除元素以及协助对集合进行遍历访问的相关方法，见表 5-2。

表 5-2　Collection 接口的方法

方法	功能
boolean add（E e）	确保此 Collection 包含指定的元素
boolean addAll（Collection<?extendsE>c）	将指定 Collection 中的所有元素都添加到此 Collection 中
void clear（ ）	移除此 Collection 中的所有元素
boolean contains（Object o）	如果此 Collection 包含指定的元素，则返回 true
boolean containsAll（Collection<?> c）	如果此 Collection 包含指定 Collection 中的所有元素，则返回 true
boolean isEmpty（ ）	如果此 Collection 不包含元素，则返回 true
Iterator<E> iterator（ ）	返回在此 Collection 的元素上进行迭代的迭代器（继承自 Iterable<E>，是能够使用增强型 for（forEach）循环的保证）
boolean remove（Object o）	从此 Collection 中移除指定元素的单个实例，如果存在的话

方法	功能
int size（ ）	返回此 Collection 中的元素数
<T> T[] toArray（T[] a）	返回包含此 Collection 中所有元素的数组；返回数组的运行时类型与指定数组的运行时类型相同

5.3.3 Collection 的遍历

集合的通用遍历方法有以下几种。

（1）使用增强型 for（foreach 循环）遍历；

（2）使用迭代器遍历。

使用增强型 for 循环进行 Collection 遍历一般形式如下：

```
for（元素类型 循环变量名：Collection 对象）{
    对循环变量进行处理；
}
```

和增强型 for 循环对数组的遍历一样，循环自动将 Collection 中的每个元素赋值给循环变量，在循环中针对该循环变量进行处理就保证了对 Collection 中所有的元素进行逐一处理。

迭代器遍历将在下一节中详细介绍。

5.3.4 Map 接口

Map 是由一系列键值对组成的集合，提供了 key 到 Value 的映射。同时它也没有继承 Collection。Map 保证了 key 与 value 之间的一一对应关系。也就是说一个 key 对应一个 value，所以它不能存在相同的 key 值，当然 value 值可以相同。

Map 接口提供三种 collection 视图，允许以键集、值集或键 / 值映射关系集的形式查看某个映射的内容。映射顺序定义为迭代器在映射的 Collection 视图上返回其元素的顺序。某些映射实现可明确保证其顺序，如 TreeMap 类；另一些映射实现则不保证顺序，如 HashMap 类。

5.3.5 Map 接口重要方法

Map 接口提供了重要的针对键、值进行操作的接口方法，见表 5-3。

表 5-3　Map 接口的方法

方法	功能
void clear（ ）	从此映射中移除所有映射关系
boolean containsKey（Object key）	如果此映射包含指定键的映射关系，则返回 true

续表

方法	功能
boolean containsValue（Object value）	如果此映射将一个或多个键映射到指定值，则返回 true
Set<Map.Entry<K,V>> entrySet（）	返回此映射中包含的映射关系的 Set 视图
V get（Object key）	返回指定键所映射的值；如果此映射不包含该键的映射关系，则返回 null
boolean isEmpty（）	如果此映射未包含键 – 值映射关系，则返回 true
Set<K> keySet（）	返回此映射中包含的键的 Set 视图
V put（K key, V value）	将指定的值与此映射中的指定键关联
V remove（Object key）	如果存在一个键的映射关系，则将其从此映射中移除
int size（）	返回此映射中的键 – 值映射关系数
Collection<V> values（）	返回此映射中包含的值的 Collection 视图

5.3.6 List 接口

List 接口为 Collection 子接口。List 所代表的是有序的 Collection。

它用某种特定的插入顺序来维护元素顺序。用户可以对列表中每个元素的插入位置进行精确的控制，同时可以根据元素的整数索引（在列表中的位置，和数组相似，从 0 开始，到元素个数 –1）访问元素，并检索列表中的元素，由于这些特性，List 在 Collection 的基础上扩展了一些重要方法，见表 5-4。

表 5-4 List 接口的方法

方法	功能
void add（int index, E element）	在列表的指定位置插入指定元素
E get（int index）	返回列表中指定位置的元素
E remove（int index）	移除列表中指定位置的元素
List<E> subList（int fromIndex, int toIndex）	返回列表中指定的 fromIndex（包括）和 toIndex（不包括）之间的部分视图

由于列表有序并存在索引，因此除了使用增强 for 循环进行遍历外，还可以使用普通的 for 循环进行遍历，例如：

```
for(int i=0;i<list.size();i++){
    元素类型 e = list.get(i);
    // 对 e 进行处理
}
```

5.3.7 Set

Set 是一种不包括重复元素的 Collection。它维持自己的内部排序，所以随机访问没有任何意义。与 List 一样，它同样允许 null 的存在，但是仅允许有一个。

由于 Set 接口的特殊性，所有传入 Set 集合中的元素都必须不同，同时要注意任何可变对象，如果在对集合中元素进行操作时，导致 e1.equals（e2）==true，则必定会产生某些问题。

5.3.8 List 的常见实现类

ArrayList 是一个用数组实现的列表，也是最常用的集合。它允许任何符合规则的元素插入甚至包括 null。

每一个 ArrayList 都有一个初始容量（10），该容量代表了数组的大小。随着容器中的元素不断增加，容器的大小也会随着增加。在每次向容器中增加元素的同时都会进行容量检查，当快溢出时，就会进行扩容操作（构建一个新的更大的数组并将之前的内容复制到新书组中）。所以如果我们明确所插入元素的多少，最好指定一个初始容量值，以避免过多进行扩容操作而浪费时间、效率。

ArrayList 的默认扩容扩展后数组大小为：（原数组长度 ×3)/2+1。

ArrayList 是一个非线程安全的列表。

同样实现 List 接口的 LinkedList 与 ArrayList 不同，LinkedList 是一个双向链表，所以它除了有 ArrayList 的基本操作方法外还额外提供了 get、remove、insert 方法在 LinkedList 的首部或尾部。

由于实现的方式不同，LinkedList 不能随机访问，它的所有操作都要按照双重链表的需要执行。在列表中索引的操作将从开头或结尾遍历列表（从靠近指定索引的一端）。这样做的好处就是可以通过较低的代价在 List 中进行插入和删除操作。

与 ArrayList 一样，LinkedList 也是非同步的。如果多个线程同时访问一个 List，则必须自己实现访问同步。

5.3.9 Set 的常见实现类

1. EnumSet

EnumSet 是枚举的专用 Set。所有的元素都是枚举类型。

2. HashSet

HashSet 堪称查询速度最快的集合，因为其内部是以 HashCode 来实现的。它内部元素的顺序是由哈希码来决定的，所以它不保证 Set 的迭代顺序，特别是它不保证该顺序恒久不变。

3．TreeSet

其基于 TreeMap，生成一个总是处于排序状态的 Set，内部以 TreeMap 来实现。它使用元素的自然顺序对元素进行排序，或者根据创建 Set 时提供的 Comparator 进行排序，具体取决于使用的构造方法。

【课堂案例】

```java
import java.util.HashSet;
import java.util.Set;
public class TestHashSet {
    public static void main(String[] args) {
        Set<String> set = new HashSet<String>();
        set.add("11111");
        set.add("22222");
        set.add("33333");
        set.add("44444");
        set.add("22222");
        System.out.println(set.size());
        for (String e : set) {
            System.out.println(e);
        }
    }
}
```

运行结果如下：

```
4
44444
33333
11111
22222
```

5.3.10 Map 的常用实现类

HashMap 是基于哈希表的 Map 接口的非同步实现，继承自 AbstractMap，AbstractMap 是部分实现 Map 接口的抽象类。

在之前的版本中，HashMap 采用"数组＋链表"实现，即使用链表处理冲突，同一 hash 值的链表都存储在一个链表里（和我们在之前自行实现的哈希表相同）。但是当链表中的元素较多，即 hash 值相等的元素较多时，通过 key 值依次查找的效率较低。而 JDK1.8 中，HashMap 采用"数组＋链表＋红黑树（一种平衡搜索二叉树）"实现，当链表长度超过阈值（8）时，将链表转换为红黑树，这样大大减少了查找时间。

【课堂案例】

```java
import java.util.HashMap;
import java.util.Map;
public class TestHashMap {
    static class Person {
        String name;
        String pwd;
        int age;

        public Person(String name, String pwd, int age) {
            super();
            this.name = name;
            this.pwd = pwd;
            this.age = age;
        }
        public String getName() {
            return name;
        }
        public void setName(String name) {
            this.name = name;
        }
        public String getPwd() {
            return pwd;
        }
        public void setPwd(String pwd) {
            this.pwd = pwd;
        }
        public int getAge() {
            return age;
        }
        public void setAge(int age) {
            this.age = age;
        }
    }
    public static void main(String[] args) {
        Map<String, Person> stuList = new HashMap<String,
Person>();
        stuList.put("唐僧", new Person("唐僧", "pwd1", 25));
        stuList.put("孙悟空", new Person("孙悟空", "pwd2", 26));
```

```
        stuList.put("猪八戒", new Person("猪八戒", "pwd3", 27));
        Person p = stuList.get("孙悟空");
        System.out.println(p.getName() + "\t" + p.getPwd() +
"\t" + p.getAge());
    }
}
```

5.4   Iterator

5.4.1   迭代器模式

在代码开发过程中，集合对象内部结构常常变化各异。对于这些集合对象，我们希望在不暴露其内部结构的同时，可以让外部客户代码透明地访问其中包含的元素。

同时这种"透明遍历"也为"同一种算法在多种集合对象上进行操作"提供了可能。使用面向对象技术将这种遍历机制抽象为"迭代器对象"，为"应对变化中的集合对象"提供了一种优雅的方法。

迭代器是一种标准的设计模式，它提供一种方法顺序访问一个聚合对象中各个元素，而又不需要暴露该对象的内部表示。

迭代器模式角色组成如下。

（1）迭代器角色（Iterator）：迭代器角色负责定义访问和遍历元素的接口；

（2）具体迭代器角色（Concrete Iterator）：具体迭代器角色要实现迭代器接口，并要记录遍历中的当前位置；

（3）容器角色（Container）：容器角色负责提供创建具体迭代器角色的接口；

（4）具体容器角色（Concrete Container）：具体容器角色实现创建具体迭代器角色的接口——这个具体迭代器角色与该容器的结构相关。

5.4.2   Iterator 接口

由于 Java 中数据集合众多，而对数据集合的操作在很多时候都具有极大的共性，于是 Java 采用了迭代器为各种集合提供公共的操作接口。

使用 Java 的迭代器 iterator 可以使对集合容器的遍历操作完全与其底层相隔离，达到极好的解耦效果。

从之前对迭代器模式的描述上来看，对于能够被迭代器遍历的集合而言（例如Collection），需要能够生成特定的迭代器，因此，JDK 提供了 Iterable 接口，用来声明构建迭代器的行为：

```
public interface Iterator<T>{
    Iterator<T> iterator();
}
```

Collection 接口拓展了接口 Iterable，根据以上对 Iterable 接口的定义可以发现，其要求实现它的类都提供一个返回迭代器 Iterator<T> 对象的方法。

集合类

自定义的集合类实现了 Iterable 接口并在实现自定义的迭代器后也可以使用增强型 for 循环进行遍历。

迭代器接口的声明如下：

```
package java.util;
public interface Iterator<E>{
    boolean hasNext();
    E next();
    void remove();
}
```

迭代器接口的方法见表 5-5。

表 5-5　迭代器接口的方法

方法	功能
boolean hasNext（）	如果仍有元素可以迭代，则返回 true
E next（）	返回迭代的下一个元素
void remove（）	从迭代器指向的 Collection 中移除迭代器返回的最后一个元素，每次调用 next 只能调用一次此方法。如果进行迭代时用调用此方法之外的其他方式修改了该迭代器所指向的 Collection，则迭代器的行为是不确定的

【课堂案例】

```
import java.util.ArrayList;
import java.util.Iterator;
import java.util.List;

public class TestIterator {
    public static void main(String[] args) {
        List<String> list = new ArrayList<String>();
        list.add("ICSS");
        list.add("Chinasofti");
        list.add("ETC");
        list.add("EEC");
        Iterator<String> it = list.iterator();
        while (it.hasNext()) {
            String str = it.next();
```

```
                System.out.println(str);
            }
        }
}
```

运行结果如下：

```
ICSS
Chinasofti
ETC
EEC
```

5.4.3　remove

需要注意，如果针对集合构建了迭代器，在使用该迭代器完成迭代之前对原始集合元素结构进行了修改（如删除了某一个元素），那么在迭代器的后续迭代过程中将抛出异常。

【课堂案例】

```
import java.util.ArrayList;
import java.util.Iterator;
import java.util.List;

public class TestIterator {
    public static void main(String[] args) {
        List<String> list = new ArrayList<String>();
        list.add("ICSS");
        list.add("Chinasofti");
        list.add("ETC");
        list.add("EEC");
        Iterator<String> it = list.iterator();
        list.remove(2);// 构建迭代器后对原始集合结构做出了修改
        while (it.hasNext()) {// 仍然使用这个迭代器迭代，会抛出
异常
            String str = it.next();
            System.out.println(str);
        }
    }
}
```

在这种情况下，需要使用迭代器自身提供的 remove 方法移出元素。

【课堂案例】

```java
import java.util.ArrayList;
import java.util.Iterator;
import java.util.List;

public class TestIterator {
    public static void main(String[] args) {
        List<String> list = new ArrayList<String>();
        list.add("ICSS");
        list.add("Chinasofti");
        list.add("ETC");
        list.add("EEC");
        Iterator<String> it = list.iterator();
        while (it.hasNext()) {
            String str = it.next();
            if(str.equals("ETC")){
                it.remove();
            }
            System.out.println(str);
        }
        System.out.println("-----------------------------");
        for(String str:list){
            System.out.println(str);
        }
    }
}
```

代码中的"it.remove（）;"语句表示迭代器的 remove 操作删除的是最近一次由 next 操作获取的元素，而不是当前游标所指向的元素，因此要删除元素，一定要在 next 方法之后。运行结果如下：

```
ICSS
Chinasofti
ETC
EEC
----------------------------
ICSS
Chinasofti
EEC
```

【项目实施】

5.1 构建商品信息

```java
public class Product {
    private int id;//序号
    private String name;//名称
    private double price;//价格
    private int sales;//库存
    @Override
    public String toString() {
        return "Product [id="+id+"name=" + name + ", price="
+ price + ", sales=" + sales + "]";
    }
    public Product(int id,String name, double price, int
sales) {
        super();
        this.id=id;
        this.name = name;
        this.price = price;
        this.sales = sales;
    }
    public int getId() {
        return id;
    }
    public void setId(int id) {
        this.id = id;
    }
    public String getName() {
        return name;
    }
    public void setName(String name) {
        this.name = name;
    }
    public double getPrice() {
        return price;
    }
    public void setPrice(double price) {
        this.price = price;
```

```
    }
    public int getSales() {
        return sales;
    }
    public void setSales(int sales) {
        this.sales = sales;
    }
}
```

5.2　定义文本菜单

```
import java.util.ArrayList;
import java.util.Iterator;
import java.util.Scanner;
public class Test {
    private static  ArrayList<Product> p = new ArrayList<>();
    private static ArrayList<Product> newp=new ArrayList<>();
    static Scanner input =new Scanner(System.in);
    static {
        Product p1 = new Product(1,"电饭锅 ", 699, 100);
        Product p2 = new Product(2,"洗衣机 ", 4999, 85);
        Product p3 = new Product(3,"电视 ", 6199, 40);
        Product p4 = new Product(4,"冰箱 ", 6999, 40);
        Product p5 = new Product(5,"空调 ", 3999, 40);
        p.add(p1);
        p.add(p2);
        p.add(p3);
        p.add(p4);
        p.add(p5);
    }
    public static void main(String[] args) {
        enterMenu();
    }
    private static void enterMenu() {
        System.out.println("~~ 欢迎进入电子商城 ~~~");
        System.out.println("\t1.新增商品 ");
        System.out.println("\t2.查看所有商品 ");
        System.out.println("\t3.查看指定名称的商品 ");
        System.out.println("\t4.添加到购物车 ");
        System.out.println("\t5.显示购物车 ");
```

```
System.out.println("\t6. 删除商品 ");
System.out.println("\t7. 修改商品中的库存 ");
System.out.println("\t8. 退出 ");
System.out.println("~~~~~~~~~~~~~~~~~~~~~~~~~~");
System.out.print(" 请选择菜单 :");
int chose=input.nextInt();
switch(chose){
case 1: add();break;
case 2:look();break;
case 3:serch();break;
case 4:addgouwu();break;
case 5:showgouwu();break;
case 6:deletGoods();break;
case 7:updateGoodsSales();break;
case 8:System.out.println(" 已退出系统，欢迎下次光临 !");
}
}
}
```

5.3　查看所有、指定名称商品

```
import java.util.ArrayList;
import java.util.Iterator;
import java.util.Scanner;
public class Test {
    ……
    private static void look() {// 查看所有商品
        System.out.println(" 商品序号 \t 商品名称 \t 商品价格 \t 商品数量 ");
        Iterator it=p.iterator();
        while(it.hasNext()){
            Product p0=(Product)it.next();
            System.out.println(p0.getId()+"\t"+p0.getName()+"\t"+p0.getPrice()+"\t"+p0.getSales());
        }
        enterMenu();
    }

private static void serch() {// 查看指定名称的商品
        System.out.print(" 请输入要查看的商品名称 :");
```

```
          String name=input.next();
          int index=-1;
         for(int i=0;i<p.size();i++){
               if(name.equals(p.get(i).getName()))
{index=i;break;}
         }
         if(index==-1){
              System.out.println("对不起，没有您要查询的商品！");
         }
         else{
              System.out.println("商品名称\t商品价格\t商品数量");
              System.out.println(p.get(index).getName()+"\
t"+p.get(index).getPrice()+"\t"+p.get(index).getSales());
         }
         enterMenu();
     }
}
```

5.4 新增、删除、修改库存商品

```
import java.util.ArrayList;
import java.util.Iterator;
import java.util.Scanner;
public class Test {
     ……
private static void updateGoodsSales() {// 更新库存量
         //look();
         System.out.print("请先输入要修改商品的序号:");
         int id=input.nextInt();
         System.out.print("请输入库存数量:");
         int sales=input.nextInt();
         int index=-1;
         for(int i=0;i<p.size();i++){
               if(id==p.get(i).getId()) index=i;
         }
         p.get(index).setSales(sales);
         look();
     }

     private static void deletGoods() {// 删除商品
```

```
        System.out.print(" 请输入要删除商品的序号 :");
        int id=input.nextInt();
        int index=-1;
        for(int i=0;i<p.size();i++){
            if(id==p.get(i).getId())  index=i;
        }
        if(index==-1){
            System.out.println(" 删除失败 !!");
        }
        else{
            p.remove(index);
            System.out.println(" 删除成功 !!");
        }
        look();
    }
private static void add() {// 新增商品
        System.out.print(" 请输入要添加的商品名字 :");
        String addName=input.next();
        System.out.print(" 请输入要添加的商品价格 :");
        double addPrice=input.nextDouble();
        System.out.print(" 请输入要添加的商品数量 :");
        int addSales=input.nextInt();
        int index=-1;
        for(int i=0;i<p.size();i++){
            if(addName.equals(p.get(i).getName())){
                index=1;
                break;
            }else{index=2;}
        }
        if(index==2){
            System.out.println(" 添加成功 ");
            p.add(new Product(p.size()+1,addName,addPrice,addSales));
            look();
    }
        else{
            System.out.println(" 添加失败 ");
        }
        enterMenu();
    }
}
```

5.5　添加显示购物车

```java
import java.util.ArrayList;
import java.util.Iterator;
import java.util.Scanner;
public class Test {
    ……
    private static void showgouwu() {// 显示购物车
      System.out.println(" 购物车中的商品 ");
      System.out.println(" 商品名称 \t 商品价格 \t 商品数量 ");
      Iterator it=newp.iterator();
      while(it.hasNext()){
          Product newp=(Product)it.next();
          System.out.println(newp.getName()+"\t"+newp.
getPrice()+"\t"+newp.getSales());
    }
    enterMenu();
    }


    private static void addgouwu() {// 添加到购物车
        //look();
        System.out.print(" 请输入要添加到购物车商品的序号 :");
        int id=input.nextInt();
        System.out.print(" 请输入要添加到购物车商品的数量 :");
        int sales=input.nextInt();
        int index=-1;
        for(int i=0;i<p.size();i++){
            if(id==p.get(i).getId()) index=i;
        }
        double price=p.get(index).getPrice();
        String name=p.get(index).getName();
        int newsales=p.get(index).getSales()-sales;
        p.get(index).setSales(newsales);
        newp.add(new Product(id,name,price,sales));

        System.out.println(" 添加成功 ");
        enterMenu();
    }
}
```

【项目收尾】

1．java.util.Collection 是一个集合接口。它提供对集合对象进行基本操作的通用接口方法。Collection 接口在 Java 类库中有很多具体的实现。Collection 接口的意义是为各种具体的集合提供了最大化的统一操作方式。Collection 是针对集合类的一个帮助类，它提供一系列静态方法实现对各种集合的搜索、排序、线程安全化等操作。

2．Array 类提供动态创建和访问 Java 数组的方法。

3．Arrays 包含用来操作数组（比如排序和搜索）的各种方法。此类还包含一个允许将数组作为列表来查看的静态工厂。

【项目拓展】

【项目要求】

在电子商城项目中，增加修改商品价格的新功能，因为公司经常需要对自己的商品重新定价，比如在"6.18""11.11"时推出特价商品，达到吸引顾客的营销目的。

【拓展练习】

1．题目：使用 ArrayList 类创建一个集合，存放整型的对象，并使用迭代函数取出集合中的对象，同时反向遍历上述集合中的对象。

考点：集合定义、遍历。

难度：低。

2．题目：使用 HashSet 类创建一个集合，存放整型的对象，并使用迭代函数取出集合中的对象，同时反向遍历上述集合中的对象。

考点：集合定义、遍历。

难度：低。

3．题目：使用 LinkedList 类创建一个集合，存放整型的对象，并使用迭代函数取出集合中的对象，同时反向遍历上述集合中的对象。

考点：集合定义、遍历。

难度：低。

项目 6
自动取款机

【项目启动】

【项目目标】

知识目标

（1）理解异常的概念、异常处理机制的作用；

（2）熟悉 Java API 中的标准异常类继承关系；

（3）正确使用 try/catch/finally 处理异常；

（4）正确使用 throw/throws 关键字；

（5）理解自定义异常的作用，并能够定义和使用。

素养目标

深植家国情怀，增强社会责任感。

【任务描述】

通过模拟开发一个自动取款机程序，加深对异常处理的理解与应用。实现的主要功能有存款、取款、显示余额，其中在存取款时要求金额大于 0，并且还要为 100 的整数倍，在取款时要保证有足够的余额，运行结果如图 6-1 所示。

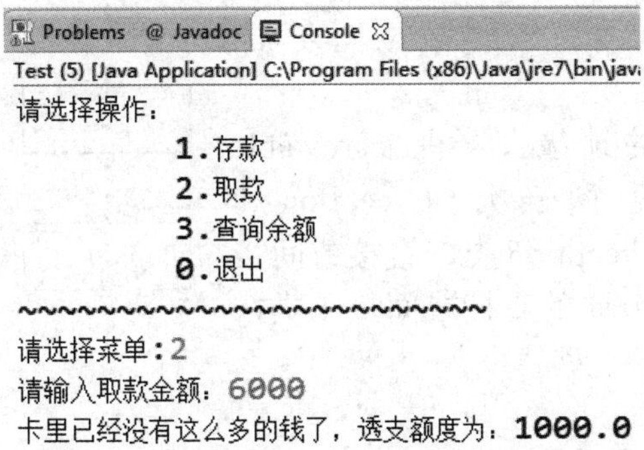

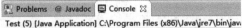

图 6-1 自动取款机运行结果

【相关知识】

6.1 异常概述

异常（Exception）：异常指的是程序运行时发生的不正常事件，例如除数为 0、文件没有找到、输入的数字格式不对等；异常能够被程序处理，保证程序继续运行下去。

　　错误（Error）：程序错误没法处理，例如内存泄漏。发生错误后，一般虚拟机会选择终止程序运行，程序员需要修改代码才能解决相关错误。

　　异常与错误的区别如图 6-2 所示。

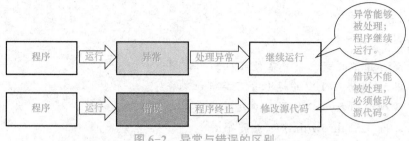

图 6-2　异常与错误的区别

6.2　Exception 的层次关系

6.2.1　API 中标准异常的继承树关系

　　API 中标准异常的顶级父类是 Throwable 类。Throwable 类 有 两 个 子 类：Exception 和 Error。所有异常都是 Exception 类的直接或间接子类，所有错误都是 Error 的直接或间接子类，如图 6-3 所示。

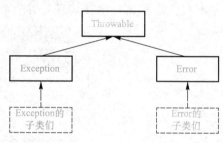

图 6-3　标准异常的继承树

6.2.2　运行时异常与非运行时异常的区别

　　Exception 有很多子类，这些子类又可以分为两大类，即运行时异常和非运行时异常。RuntimeException 的子类都是运行时异常，其他的都是非运行时异常，如图 6-4 所示。

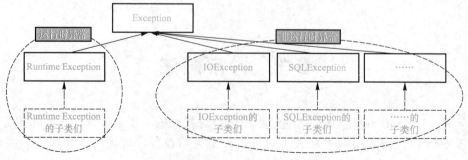

图 6-4　Exception 异常的继承树

运行时异常：也称为非检测异常（unchecked Exception）， 这些异常在编译期不检测，在程序中可以选择处理，也可以不处理。如果不处理程序运行时会中断，但是编译没问题。

非运行时异常：也称为检测异常（checked Exception）， 是必须进行处理的异常，如果不处理，将发生编译期错误。例如：

```
public static void main(String[] args) {
//除数为 0，会有数学异常，但是数学异常是运行期异常，所以编译期不检测，可以
不处理也不报错
        System.out.println(100/0);
//下面代码会有文件没找到异常，是非运行期异常，在编译期检测，不处理就报编译
错误
        FileReader fr=new FileReader(new File("a.txt"));
}
```

6.2.3 常见运行时异常的概念

运行时异常经常在编程时发生，了解每种异常的概念有助于高效调试程序。RuntimeException 的子类都是运行时异常。

（1）NullPointerException。空指针异常，发生前提：当对一个空对象 null 调用属性或方法时，没有初始化的对象。例如：

```
public static void main(String[] args) {
        String s=null;
        //s 目前为 null，调用其方法，就会发生空指针异常
        System.out.println(s.length());
}
```

【思考】如果"String s="";"，调用 s.length（）会发生空指针异常吗？

（2）ArithmeticException。数学异常，发生前提：整数除以 0 时发生。例如：

```
public static void main(String[] args) {
        // 浮点数除以 0 不会发生数学异常
        System.out.println(10.0/0);
        // 整数除以 0 会发生数学异常
        System.out.println(10/0);
}
```

（3）IndexOutOfBoundsException。索引越界异常，包括字符串索引 StringIndexOutOfBoundsException 和数组索引 ArrayIndexOutOfBoundsException 两种。发生前提：当访问字符串中的字符或者数组中的元素，超过了其长度时发生。例如：

```
public static void main(String[] args) {
        String s="hello";
        int[] a=new int[3];
```

```
        // 数组长度为 3，索引最大值为 2，访问第 3 个，将发生索引越界
异常
        System.out.println(a[3]);
        // 字符串长度为 5，索引最大值为 4，访问第 5 个字符，将发生索引越界
异常
        System.out.println(s.charAt(5));
}
```

（4）NumberFormatException。数字格式异常，发生前提：当把一个字符串转换成数字，字符串内容不是数字时发生。例如：

```
public static void main(String[] args) {
        String s="abc";
        System.out.println(Integer.parseInt(s));
}
```

（5）ClassCastException。类型转换异常，发生前提：把父类对象转换成不相关的子类类型时发生。例如：

```
public static void main(String[] args) {
        Object o=new Object();
        //o 是父类型 Object 的对象，String 是它的子类，父类对象不能强
制转换为子类
        String s=(String)o;
    }
```

6.2.4　非运行时异常在编译期检测的特性

运行时异常，在编译期的时候根本不需要任何处理，编译通过，但是在运行时抛出异常，中断执行。而非运行时异常恰恰相反，在编译期就会被检测并强制处理，不处理则发生编译错误。

6.3　异常处理流程及语句

6.3.1　Java 异常处理的标准流程

Java 语言中异常处理主要使用到 try、catch、finally 三种语句，后面会分别详细学习。标准异常处理流程如图 6-5 所示。

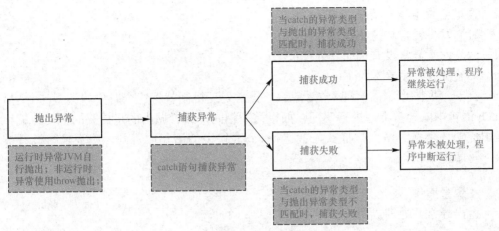

图 6-5　标准异常处理流程

6.3.2　try 代码块

把所有可能抛出异常的，或者肯定抛出异常的代码都写到 try 代码块中。

```
try{
        可能抛出异常的代码块；
}
```

　　例如：

```
try{
        int x=100;
        int y=10;
        System.out.println("x/y="+x/y);
        System.out.println("x/y 计算结束 ");
}
```

　　语句 "System.out.println（"x/y="+x/y）；" 会抛出数学异常。实际上就是 JVM 创建了一个类型为 ArithmeticException 类型的对象，这是一个异常类型，所以异常处理机制认识它并能够处理。

6.3.3　catch 语句

catch 语句紧随 try 语句后，用来捕获异常并进行处理。

```
try{
        可能抛出异常的代码块；
}catch(异常类型　变量名){
        处理异常的代码；
}
```

这里会发生三种情况：

（1）发生异常被捕获处理；

（2）发生异常没有被捕获处理；

（3）没有发生异常。

当 try 块中代码抛出了异常对象后，异常处理机制就将这个对象的类型与 try 后的 catch 语句中的异常类型进行匹配，如果类型相同，或者抛出的是捕获的子类，就称为匹配成功，那么异常就被捕获，就运行 catch 块中的语句；否则，称为异常没有被捕获，程序将中断。

【课堂案例】

抛出异常并处理成功。

```java
public static void main(String[] args) {
        // 发生了异常并被捕获
        try{
                int x=100;
                int y=0;
                System.out.println("x/y="+x/y);// 抛出ArithmeticException
异常，try 中之后代码不运行
                System.out.println("x/y 计算结束 ");
        }catch(ArithmeticException e){// 异常处理机制将 Arithmetic
Exception 与 catch 语句的异常类型匹配
                // 匹配成功， 运行 catch 代码块，异常被处理
                System.out.println(" 发生了数学异常，注意除数不能
为 0.");
        }
        // 程序继续运行
        System.out.println("main 方法运行结束 ");
}
```

【课堂案例】

抛出异常，但是没有被处理。

```java
public static void main(String[] args) {
        // 发生了异常没有被捕获
        try{
                int x=100;
                int y=0;
                System.out.println("x/y="+x/y);// 抛 出 Arithmetic
Exception 异常，try 中之后代码不运行
                System.out.println("x/y 计算结束 ");
        }catch(NullPointerException e){// 异常处理机制将 ArithmeticException
```

与 catch 语句的异常类型匹配

```
                // 匹配失败，不运行 catch 代码块，异常没有被处理
                System.out.println("发生了异常");
        }
        // 程序中断运行，不会打印 "main 方法运行结束"
        System.out.println("main 方法运行结束");
}
```

【课堂案例】

没有抛出异常。

```
public static void main(String[] args) {
        // 没有发生异常
        try{
                int x=100;
                int y=10;
                System.out.println("x/y="+x/y);// 没有抛出 Arithmetic
Exception 异常
                System.out.println("x/y 计算结束");// 运行 try 块
        }catch(ArithmeticException e){// 跳过 catch 代码块
                System.out.println("发生了数学异常，注意除数不能
为 0.");
        }
        System.out.println("main 方法运行结束");// 运行结束
}
```

catch 语句里都写什么代码？

（1）可以写任意需要对异常进行处理的代码；

（2）可以调用异常对象的方法，例如 printStackTrace，查看异常发生的栈轨迹。

6.3.4　多个 catch

如果 try 块中有多行代码，有可能抛出多种类型异常，那么可以使用多个 catch 语句。注意：catch 语句的异常类型必须遵循从子类到父类的顺序，否则编译错误。

【课堂案例】

```
public static void main(String[] args) {
        try{
                int x=100;
                int y=0;
                String s=null;
                System.out.println("x/y="+x/y);
```

```
        System.out.println("x/y 计算结束 ");
        System.out.println(" 字符串长度 "+s.length());
    }catch(ArithmeticException e){
        System.out.println("发生了数学异常，注意除数不能为0.");
    }catch(NullPointerException e){
        System.out.println(" 发生了空指针异常 ");
    }catch(Exception e){
        System.out.println(" 发生了其他异常 ");
    }
    System.out.println("main 方法运行结束 ");
}
```

代码中，当 y=0 时，发生数学异常，运行 catch(ArithmeticException e) 代码块；当 y 不等于 0 时，发生空指针异常，运行 catch(NullPointerException e) 代码块。从来不会运行 catch(Exception e) 块，因为没有其他类型异常。可见异常只要被成功捕获一次就被处理了，不会再继续抛出。

6.3.5 finally 块

如果希望在不管什么情况下都有一些代码都必须被执行，那么就可以把这些代码写到 finally 块中。

```
finally{
        不管什么情况，一定被执行的代码块；
}
```

【课堂案例】
抛出异常并被处理后，finally 块被执行。

```
public static void main(String[] args) {
        // 发生了异常并且被捕获
        try{
            int x=100;
            int y=0;
            System.out.println("x/y="+x/y);
            System.out.println("x/y 计算结束 ");
        }catch(ArithmeticException e){
            System.out.println("发生了数学异常，注意除数不能为0.");
        }finally{
            System.out.println("finally 代码块 ");
        }
        System.out.println("main 方法运行结束 ");
}
```

运行结果如下：

发生了数学异常，注意除数不能为 0.

finally 代码块

main 方法运行结束

【课堂案例】

抛出异常未被处理，finally 块被执行。

```java
public static void main(String[] args) {
        // 发生了异常没有被捕获
        try{
                int x=100;
                int y=0;
                System.out.println("x/y="+x/y);
                System.out.println("x/y 计算结束 ");
        }catch(NullPointerException e){
                System.out.println(" 发生了异常 ");
        }finally{
                System.out.println("finally 代码块 ");
        }
        System.out.println("main 方法运行结束 ");
}
```

运行结果如下：

finally 代码块

Exception in thread "main" java.lang.ArithmeticException:/by zero

【课堂案例】

没有抛出异常，finally 块被执行。

```java
public static void main(String[] args) {
        // 没有发生异常
        try{
                int x=100;
                int y=10;
                System.out.println("x/y="+x/y);
                System.out.println("x/y 计算结束 ");
        }catch(ArithmeticException e){
                System.out.println(" 发生了数学异常，注意除数不能
为 0.");
        }finally{
                System.out.println("finally 代码块 ");
```

```
            }
            System.out.println("main 方法运行结束 ");
    }
```

运行结果如下：

```
x/y=10
x/y 计算结束
finally 代码块
main 方法运行结束
```

6.3.6 catch 及 finally 的可选特性

前面我们学习了 try/catch 以及 try/catch/finally 组合。其中必须有 try 块，catch 块可以有 1 个或多个，finally 块最多 1 个，可以没有，不能有多个。

除此，还有另外一种组合：只有 try 和 finally，没有 catch。

```
try{

}finally{

}
```

如果 try 块中抛出了异常，则肯定不能被捕获，程序中断，但是 finally 代码块依然会被执行。

6.3.7 finally 与 return

finally 块前有 return 语句，finally 依然被执行。

try-catch-finally

【课堂案例】

```
public static void main(String[] args) {
        // 发生了异常并且被捕获
        try{
            int x=100;
            int y=0;
            System.out.println("x/y="+x/y);
            System.out.println("x/y 计算结束 ");
        }catch(ArithmeticException e){
            System.out.println(" 发生了数学异常，注意除数不能
为 0.");
            return;
        }finally{
            System.out.println("finally 代码块 ");
```

```
        }
            System.out.println("main 方法运行结束 ");
}
```

运行结果如下：

发生了数学异常，注意除数不能为 0.

finally 代码块

main 方法运行结束

finally 块前有 System.exit（0）语句，finally 不被执行。

【课堂案例】

```
public static void main(String[] args) {
// 发生了异常并且被捕获
        try{
                int x=100;
                int y=0;
                System.out.println("x/y="+x/y);
                System.out.println("x/y 计算结束 ");
        }catch(ArithmeticException e){
                System.out.println(" 发生了数学异常，注意除数不能
为 0.");
                System.exit(0);
        }finally{
                System.out.println("finally 代码块 ");
        }
        System.out.println("main 方法运行结束 ");
}
```

运行结果如下：

发生了数学异常，注意除数不能为 0.

main 方法运行结束

6.3.8 throw 与 throws

抛出异常其实就是创建了一个异常对象，然后用 throw 关键字交给异常处理机制去处理。throw 关键字在方法体中使用，用法如下：

```
throw 异常对象；
```

例如：

```
throw new Exception();
```

或

```
catch(Exception e){
```

```
        throw e;
    }
```

运行时异常是 JVM 自动抛出，非运行时异常需要程序员用 throw 关键字抛出。例如：

```
public class Calculator {
    public void div(int x,int y){
    // 当除数为 0 时，抛出异常
    if(y==0){
            throw new Exception();//编译错误
        }
            System.out.println("x/y="+x/y);
        }
    }
```

上述代码发生编译错误。由于抛出了 Exception，是非运行时异常，所以编译期检测，要求必须处理，处理的方式有两种：

（1）使用 try/catch/finally 进行处理；

（2）不处理，用 throws 声明异常。

到底用哪种方式处理呢？不妨想想为何要抛出异常呢？如果用第一种方法，几乎没有意义，因为调用 div 方法时，不能再捕获这个异常，不能灵活处理。所以，当用 throw 抛出异常后，基本都使用 throws 进行声明。

throws 用在方法声明处，声明该方法可能发生的异常类型。一个方法如果使用了 throws，那么调用该方法时，编译期会提醒必须处理这些异常，否则编译错误。上例可修改如下：

```
public class Calculator {
    public void div(int x,int y) throws Exception{
    // 当除数为 0 时，抛出异常
    if(y==0){
            throw new Exception();   // 使用 throws 后，不再有编译错误
            }
            System.out.println("x/y="+x/y);
        }
    }
```

throws 后可以声明多种类型，用逗号隔开即可。抽象方法也可以使用 throws 声明该方法可能抛出的异常类型。

一个方法如果使用了 throws，那么调用该方法时，在编译期会提醒必须处理这些异常，否则编译错误。例如：

```
public static void main(String[] args) {
    Calculator cal=new Calculator();
    try{
```

```
        cal.div(10, 0);
    }catch(Exception e){
        System.out.println("除数不能为0");
    }
}
```

因为前面 div 方法使用到了 throws，所以这里在调用的时候会强制处理，我们常常使用 try/catch 进行处理。

6.4　自定义异常

6.4.1　构建自定义异常的意义

为了能够标记项目中的异常事件，需要使用 throw 抛出异常。如果抛出的是 API 中的标准异常，那么很可能与 API 中方法抛出的异常混淆，因此需要自定义异常。项目组根据业务需求定义业务异常，对团队协作开发非常有意义。

自定义异常类

6.4.2　自定义异常的声明

自定义异常类非常简单，只要继承 API 中任意一个标准异常类即可。在多数情况下，可以继承 Exception 类，也可以选择继承其他类型异常。一般自定义异常类中不写其他方法，只重载必要的构造方法。例如：

```
public class DataValueException extends Exception {
    public DataValueException() {
    }
    public DataValueException(String message) {
        super(message);
    }
    public DataValueException(Throwable cause) {
        super(cause);
    }
    public DataValueException(String message, Throwable cause) {
}
```

6.4.3　自定义异常的使用

使用自定义异常与使用 API 中标准异常一样，可以用 throw 抛出自定义异常对象，使用 throws 声明自定义异常类型，可以使用 try/catch/finally 处理异常。

【课堂案例】

```java
public class Employee {
    private String name;
    private double salary;
    public Employee() {

    }
    public Employee(String name, double salary) {
        super();
        this.name = name;
        this.salary = salary;
    }
    public double getSalary() {
        return salary;
    }
    public void setSalary(double salary) throws Data
ValueException {
        if(salary<=2500){
            throw new DataValueException("薪资不能低于2500元");
        }else{
            this.salary = salary;
        }
    }
    public String getName() {
        return name;
    }
}

public class TestEmployee {
    public TestEmployee() {

    }
    public static void main(String[] args) {
        Employee e=new Employee("张晓明",3000);
        try {
            e.setSalary(2400);
        } catch (DataValueException e1) {
```

```
                    e1.printStackTrace();
        }
    }
}
```

上述代码中，setSalary 方法对参数值有要求，不能低于 2500，如果低于 2500 则抛出自定义的 DataValueException 异常。在调用 setSalary 方法时，必须处理 DataValueException 异常，使用 try/catch 处理。

 【项目实施】

6.1　构建银行账号类

```
public class Account {   // 银行账号类
    public double balance;   // 余额
    public double deficit;   // 透支额

    public Account() {

    }
    public Account(double balance) {
        this.balance = balance;
    }
    public double getBalance() {
        return balance;
    }
    public void setBalance(double balance) {
        this.balance = balance;
    }
    public double deposit(double money) throws
OverdraftException{// 存款
        if (money<=0) {
            throw new OverdraftException("存款金额要大于 0 ！");
        }
    else if (money%100!=0) {
            throw new OverdraftException("存款金额要为 100 的整
数倍！");
        }
        else {
            balance = balance + money;
```

```
            return balance;
        }
    }


    public double withdraw(double money) throws
OverdraftException {// 取款
        if (money<=0) {
            throw new OverdraftException("取款金额要大于 0！");
        }
        else if (money%100!=0) {
            throw new OverdraftException("取款金额要为 100 的整
数倍！");
        }
        else if (balance < money) {
            deficit = money - balance;
             throw new OverdraftException("卡里已经没有这么多的钱
了，透支额度为："+ deficit);
        }
        else {
            balance = balance - money;
            return balance;
        }
    }
}
```

6.2 构建存取款的自定义异常类

```
public class OverdraftException extends Exception{
    public OverdraftException(String msg) {
        super(msg);
    }
}
```

6.3 定义、处理取款机菜单

```
import java.util.Scanner;
public class Test {
    static Scanner input =new Scanner(System.in);
    public static void main(String[] args) {
```

```
Account account = new Account(5000);
double money;
do{
        System.out.println("请选择操作：");
        System.out.println("\t1.存款");
        System.out.println("\t2.取款");
        System.out.println("\t3.查询余额");
        System.out.println("\t0.退出");
        System.out.println("~~~~~~~~~~~~~~~~~~~~~~~~~~~");

        System.out.print("请选择菜单:");
        int chose=input.nextInt();
        switch(chose){
           case 1:
           System.out.print("请输入存款金额：");
           money=input.nextDouble();
           try {
                account.deposit(money);
             } catch (OverdraftException e) {
                System.out.println(e.getMessage());
             }

        break;
           case 2:
                System.out.print("请输入取款金额：");
                money=input.nextDouble();
                try {
                        account.withdraw(money);
                } catch (OverdraftException e) {
                        System.out.println(e.
getMessage());
                }
        break;
           case 3:
           double balance = account.getBalance();
                System.out.println("卡内余额:
"+balance);
                break;
           case 0:
```

```
                    System.out.println(" 退出提款机 !");
                        System.exit(0);
                default:
                    System.out.println(" 无此菜单 !");
                    System.exit(0);
            }
        }while(true);
    }
}
```

【项目收尾】

1. 异常处理是保证 Java 程序鲁棒性的重要手段。
2. API 中定义了一系列的标准异常，异常分为运行时异常和非运行时异常。
3. 使用 try/catch/finally 可以处理异常。
4. 使用 throw 可以抛出异常，使用 throws 可以声明异常。
5. 可以自定义业务异常，与标准异常区分开。

【项目拓展】

【项目要求】

在自动取款机项目中，再加入卡号和密码的输入功能，密码最多可以输入 3 次，输入密码正确后，选择下一步操作（存款、取款、显示余额）。

【拓展练习】

1. 题目：自行编写程序，验证 try/catch/finally 的用法，验证数学异常、空指针异常、数字格式异常、索引越界异常、类型转换异常。

考点：常见运行期异常，异常处理。

难度：低。

2. 题目：模拟实现用户购买商品的功能，使用数组模拟商品列表，当购买的商品不存在或者商品库存为 0 时，抛出自定义异常。当用户购买某一个商品时，对异常进行处理，并对库存进行改变。

考点：自定义异常、异常处理、throw/throws 关键字。

难度：中。

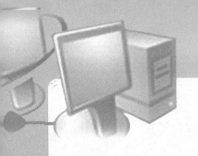

项目 7

用户注册登录模拟器

【项目启动】

▌【项目目标】

知识目标

（1）掌握 Java 中对文件 / 文件夹的各种操作方法；

（2）了解输入 / 输出流的概念；

（3）掌握 Java 中输入 / 输出流的分类；

（4）掌握 Java 输入 / 输出类型的继承树，即常用输入 / 输出流的功能与基本使用方法。

素养目标

遵纪守法，树立正确的人生观和价值观。

▌【任务描述】

身份验证的目的是确认当前所声明为某种身份的用户确实是所声明的用户。在日常生活中，身份验证并不罕见，比如通过检查对方的证件，一般可以确认对方的身份。虽然日常生活中的这种确认对方身份的做法也属于广义的"身份验证"，但"身份验证"一词更多地被用在计算机、通信等领域。

身份验证使计算机和网络系统的访问策略能够可靠、有效地执行，防止攻击者假冒合法用户获得资源的访问权限，保证系统和数据的安全，以及授权访问者合法利益。身份验证的方法有很多，用户口令验证是计算机中最常用的方法。在本项目中，将使用 IO 开发一个用户登录程序。实现的功能主要有用户登录、注册，其中在注册时如果用户名已经注册过了，则注册失败，运行结果如图 7-1、图 7-2 所示。

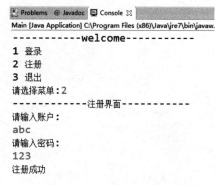

图 7-1　用户注册登录模拟器运行结果 -1　　图 7-2　用户注册登录模拟器运行结果 -2

【相关知识】

7.1　文件

7.1.1　File 类型

什么是文件？文件可以认为是相关记录或存放在一起的数据的集合。文件一般是存放在存储设备上的，例如硬盘、光盘和移动存储设备等。

java.io 包是 JDK 内置的包，其中包含一系列对文件和目录的属性进行操作、对文件进行读/写操作的类。程序中如果要使用到该包中的类，对文件或流进行操作，则必须显式地声明如下语句：

```
import java.io.*;
```

文件系统的一般文件组织形式如图 7-3 所示。

java.io.File 类的对象可以表示文件和目录，在程序中一个 File 类对象可以代表一个文件或目录。当创建一个 File 对象后，就可以利用它来对文件或目录的属性进行操作，如文件名、最后修改日期、文件大小等。需要注意的是，File 对象并不能直接对文件内容进行读/写操作，只能查看文件的属性。

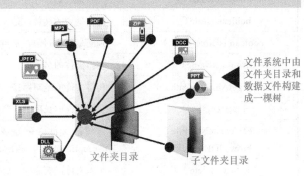

文件系统中由文件夹目录和数据文件构建成一棵树

文件夹目录　　　子文件夹目录

图 7-3　文件系统的一般组织形式

File 类的构造方法有 4 种重载方式，常用的如下：

```
File(String pathname) // 指定文件（或目录）名和路径创建文件对象
```

例如：

```
// 针对当前项目根目录中的 chinasofti.txt 文件构建了一个 File 对象
File f1 = new File("chinasofti.txt");
// 通过绝对路径构建 File 对象
File f2 = new File("D:\\Java\\Hello.java");
```

构建 File 对象时需要注意的要点如下。

（1）提供给构造方法的路径可以指向一个具体的文件，这时候 File 对象能够操作这个文件的属性，也可以指向一个文件夹，这时候 File 对象操作的就是文件夹的属性。

（2）注意上例第二个对象的路径表达，由于在 Java 中"\"符号表示转义，因此如果使用"\"作为路径分隔符，则实际需要编写"\\"，当然一个更好的替代方法是使用 Unix 系统中常用的"/"作为路径分隔符，这时不需要转义。

（3）特别注意，Java 中的相对路径体系和我们日常所见的文件系统相对路径体系有较大的区别。

（1）如果路径以"/"或"\\"开头，则相对路径的根为当前项目所在磁盘的根目录（Unix 没有磁盘分区的概念，因此直接使用"/"，即文件系统的根作为相对路径的根）。

（2）如果不以"/"开头则相对路径的根为项目根目录，而不是当前类所在目录，这一点非常容易引起误区，因为类从属于某个包之后，类文件实际是位于项目中的某个子文件夹中的，如 com.chinasoft.Hello 这个类是位于项目中的 com\chinasofti 子文件夹中，如果在 Hello 类中构建一个 File 对象：FIle f = new File（"icss/chinasofti. txt"），那么这个文件位于项目根目录的 icss 子文件中，跟当前类自己的位置无关。

7.1.2　File 对文件的基础操作

File 类型提供的常见操作方法见表 7-1。

表 7-1　File 类型常见的操作方法

方法原型	说明
boolean exists（）	判断文件是否存在，存在返回 true，否则返回 false
boolean isFile（）	判断是否为文件，是文件返回 true，否则返回 false
boolean isDirectory（）	判断是否为目录，是目录返回 true，否则返回 false
String getName（）	获得文件的名称
String getAbsolutePath（）	获得文件的绝对路径
long length（）	获得文件的长度（字节数）
boolean createNewFile（） throws IOException	创建新文件，创建成功返回 true，否则返回 false，有可能抛出 IOException 异常，必须捕捉
boolean delete（）	删除文件，删除成功返回 true，否则返回 false
File[] listFiles（）	返回文件夹内的子文件与子文件夹的数组

【课堂案例】

```
import java.io.File
public class FileDemo
{
  public static void main(String[] args)  {
    File file = new File("test.txt");  // 注意文件的路径，位于项目根目录中
    System.out.println(" 文件或目录是否存在: " + file.exists());
    System.out.println(" 是文件吗: " + file.isFile());
    System.out.println(" 是目录吗: " + file.isDirectory());
    System.out.println(" 名称: " + file.getName());
    System.out.println(" 绝对路径: " + file.getAbsolutePath());
    System.out.println(" 文件大小: " + file.length());
  }

}
```

【课堂案例】

```java
import java.io.BufferedWriter;
import java.io.File;
import java.io.FileWriter;
import java.io.FilenameFilter;
import java.io.IOException;
public class FileOperation {
    public void deleteFile(String path) {
        File f = new File(path);
        try {
            System.out.println(f.delete());// 删除文件
            System.out.println("deleteOK");
        } catch (Exception e) {}
    }
    public String[] listFile(String path) {
        File f = new File(path);
        String[] files = f.list();// 列出所有文件
        return files;
    }
    public String[] listFile(String path, String name) {
        final String endname = name;
        File f = new File(path);
        String files[] = f.list(new FilenameFilter() {// 根据
文件名过滤文件
            //accept 方法返回为 true 的文件名将被保存在列表中
public boolean accept(File path, String fname) {
                return fname.endsWith(endname);
            }
        });
        return files;
    }
    public boolean createFile(String _path, String _fileName)
            throws IOException {
        boolean success = false;
        String fileName = _fileName;
        String filePath = _path;
        try {
            File file = new File(filePath);
            if (!file.isDirectory()) {
```

```
                    file.mkdirs();// 创建文件夹
            }
            File f = new File(filePath + File.separator +
fileName + ".txt");
            success = f.createNewFile();// 创建文件
        } catch (IOException e) {
            e.printStackTrace();
        }
        return success;
    }
    public void writeFile(String path, String fileName, String
insertString, boolean isLast) throws IOException {
        try {
            BufferedWriter out = new BufferedWriter(new
FileWriter(path+ File.separator + fileName + ".txt"));
            out.write(insertString);
            if (!isLast)
                out.newLine();
            out.flush();
            out.close();
        } catch (IOException e) {
            e.printStackTrace();
        }
    }
}
```

7.2 输入 / 输出流

7.2.1 输入 / 输出流的概念与作用

流是一串连续不断的数据的集合，就像水管里的水流，在水管的一端一点一点地供水，而在水管的另一端看到的是一股连续不断的水流。数据写入程序可以是一段一段地向数据流管道中写入数据，这些数据段会按先后顺序形成一个长的数据流。对数据读取程序来说，看不到数据流在写入时的分段情况，每次可以读取其中任意长度的数据，但只能先读取前面的数据后，再读取后面的数据。不管写入时是将数据分多次写入，还是作为一个整体一次写入，读取时的效果都是完全一样的。

流是磁盘或其他外围设备中存储的数据的源点或终点。根据流动方向的不同，流分为输入流和输出流，如图 7-4 所示。

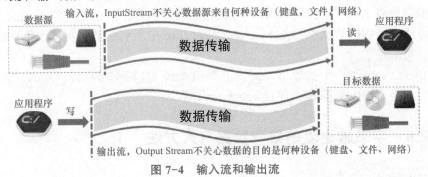

图 7-4 输入流和输出流

7.2.2 Java 中输入 / 输出流的类型

对于输入和输出流，由于传输格式的不同，又分为字节流和字符流。

字节流是指 8 位的通用字节流，以字节为基本单位，在 java.io 包中，对于字节流进行操作的类大部分继承于 InputStream（输入字节流）类和 OutputStream（输出字节流）类。

字符流是指 16 位的 Unicode 字符流，以字符（两个字节）为基本单位，非常适合处理字符串和文本，对于字符流进行操作的类大部分继承于 Reader（读取流）类和 Writer（写入流）类。

7.2.3 Java 的输入 / 输出流的继承树

Java 中输入 / 输出流的体系结构如图 7-5 所示，主要包括以下三个部分。

（1）流式部分：IO 的主体部分。

（2）非流式部分：主要包含一些辅助流式部分的类，如 File 类、RandomAccessFile 类和 FileDescriptor 类等。

（3）其他类：文件读取部分的与安全相关的类，如 SerializablePermission 类，以及与本地操作系统相关的文件系统的类，如 FileSystem 类、Win32FileSystem 类和 WinNTFileSystem 类。

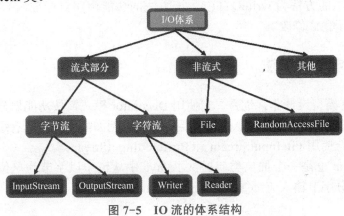

图 7-5 IO 流的体系结构

7.2.4　字节输出流

如果需要将 Java 中能够表达的所有数据缓存在内存中（包括字符类型或二进制类型），最适宜使用的数据类型是 byte[ ]，因为 Java 中所有的数据类型占据的空间都是 byte 型的整数倍数。

OutputStream 是一个抽象类，提供了 Java 向流中以字节为单位写入数据的公开接口，大部分字节输出流都继承自 OutputStream 类。

7.2.5　字节输出流的统一数据写入方法

OutputStream 类重要的写入方法如下：

```
void write(byte[] b, int off, int len)
```

其中，b 是用于写入流的数据载体，表示从 off 开始的 len 个字节数据将被写到流中。OutputStream 类的重要方法见表 7-2。

表 7-2　OutputStream 类的重要方法

方法签名	说明
void close（）	关闭此输出流并释放与此流有关的所有系统资源
void flush（）	刷新此输出流并强制写出所有缓冲的输出字节
abstract void write（int b）	将指定的字节写入此输出流
void write（byte[] b）	相当于调用 write（b,0,b.length）

7.2.6　DataOutput

DataOutput 接口规定一组操作，用于以一种与机器无关（当前操作系统等）的方式，直接向流中写入基本类型的数据和字符串。

DataOutput 对基本数据类型的写入分别提供了不同的方法，方法名满足 writeXXX（）的规律，其中 XXX 即基本类型说明符（首字母大写），如 writeInt（）表示向流中写入一个 int 型数据。

写入字符串的方法为 writeUTF（），该方法的功能声明对标准的 UTF-8 字符编码表示形式做出了稍许修改。

7.2.7　字节输入流

Java 的 IO 模型设计非常优秀，它使用 Decorator 模式，按功能划分 Stream，我们可以动态装配这些 Stream，以便获得需要的功能。例如需要一个具有缓冲的文件输入流，则应当组合使用 FileInputStream 和 BufferedInputStream。

InputStream 也是一个抽象类，提供了 Java 中从流中以字节为单位读取数据的公开接口，大部分字节输入流都继承自 InputStream 类。

7.2.8　字节输入流的统一数据读取方法

InputStream 提供了针对数据流读取的公共接口，其中比较重要的数据读取方法如下：

```
int read(byte[] b, int off, int len)
```

其中，b 是用于数据读取操作的数据载体，表示读取从 off 开始的 len 个字节数据，方法的返回值表示本次实际读取到的字节个数，如果已经到流的末尾，不能读取到任何数据，则返回 –1。InputStream 类的重要方法见表 7-3。

表 7-3　InputStream 类的重要方法

方法签名	说明
void close（）	关闭此输入流并释放与该流关联的所有系统资源
int available（）	返回此输入流下一个方法调用可以不受阻塞地从此输入流读取（或跳过）的估计字节数
long skip（long n）	跳过和丢弃此输入流中数据的 n 个字节
abstract int read（）	从输入流中读取数据的下一个字节
int read（byte[] b）	相当于调用 read（b,0,b.length）

7.2.9　DataInput

DataInput 接口规定一组操作，用于以一种与机器无关（当前操作系统等）的方式，直接在流中读取基本类型的数据和字符串。

DataInput 对基本数据类型的读取分别提供了不同的方法，方法名满足 readXXX( ) 的规律，其中 XXX 即基本类型说明符（首字母大写），如 readInt( ) 表示从流中读取一个 int 型数据。

读取字符串的方法为 readUTF，该方法的功能声明将标准的 UTF-8 字符编码表示形式做出了稍许修改，接口还提供了 readLine 方法，但是在一些常用的实现中不建议使用。

事实上，DataInput 和 DataOutput 对应，即 DataInput 读取由 DataOutput 写入的数据。

7.2.10　字符输出流

FileInputStream 类和 FileOutputStream 类虽然可以高效率地读 / 写文件，但对于 Unicode 编码的文件，我们需要自行将读取到的字节数据根据编码规则还原为字符串，因此使用它们有可能出现乱码。考虑到 Java 是跨平台的语言，要经常操作 Unicode 编码的文件，使用以字符为读 / 写基本单元的字符流操作文件是有必要的，以字符为单位进行数据输出的工具继承自 Writer。

Writer 和 OutputStream 类似，也提供了统一的往流中写入数据的方法，和 OutputStream 不同的是，写入数据的单位由字节变成字符。

```
abstract void write(char[] cbuf, int off, int len)
```

Writer 类一共有七个子类。BufferedWriter 类将文本写入字符输出流，它拥有一个字符缓冲区，并且大小可以指定，用于缓冲各个字符，从而提供单个字符、数组和字符串的高效写入。

7.2.11　字符输入流

以字符为单位进行数据读取的工具继承自 Reader，Reader 会将读取到的数据按照标准的规则转换为 Java 字符串对象。

字符输入流 Reader 也提供统一读取数据的方法（和 InputStream 不同，实际开发时更多地调用不同 Reader 提供的特殊读取方法，如 BufferedReader 的 readLine，以简化操作）。

```
abstract int read(char[] cbuf, int off, int len)
```

 【项目实施】

7.1　构建用户类、用户 DAO 接口

```java
public class User {   //用户类
    private String username;
    private String password;

    public String getUsername() {
        return username;
    }
    public void setUsername(String username) {
        this.username = username;
    }
    public String getPassword() {
        return password;
    }
    public void setPassword(String password) {
        this.password = password;
    }
    public User(String username, String password) {
        super();
        this.username = username;
        this.password = password;
    }
}
```

```
public interface UserDao {   // 用户 DAO 接口
    /**
     * 注册
     * @param uesr
     * @return
     */
    boolean register(User user);
    /**
     * 登录
     * @param user
     * @return
     */
    boolean login(User user);

}
```

7.2 实现登录、注册

```
import java.io.BufferedReader;
import java.io.BufferedWriter;
import java.io.File;
import java.io.FileNotFoundException;
import java.io.FileReader;
import java.io.FileWriter;
import java.io.IOException;

public class UserDaomImpl implements UserDao {
    // 使用静态变量和静态代码块，为了保证文件一加载就创建
    private static File file = new File("D:\\user.txt");
    static {
        try {
            file.createNewFile();
        } catch (IOException e) {
            System.out.println(" 创建文件失败 ");
        }
    }

    @Override
    public boolean register(User user) {
        boolean flagw = false;
```

```
        boolean flagr = false;
        BufferedWriter bw = null;
        BufferedReader br = null;
        try {
            br = new BufferedReader(new FileReader(file));
            String line = null;
            while ((line = br.readLine()) != null) {
                String[] datas = line.split("=");
                if (datas[0].equals(user.getUsername())) {
                    flagr = true;
                    break;
                }
            }
        } catch (FileNotFoundException e) {
            System.out.println(" 找不到信息所在的文件 ");
        } catch (IOException e) {
            System.out.println(" 用户查找失败 ");
        }finally {
            if(br!=null){
                try {
                    br.close();
                } catch (IOException e) {
                    System.out.println(" 用户查找释放资源失败 ");
                }
            }
        }
        if(flagr)
            System.out.println(" 有同名的用户 ");
        else{
        try {
            bw = new BufferedWriter(new FileWriter(file, true));// 追加
            bw.write(user.getUsername() + "=" + user.
getPassword());
            bw.newLine();
            bw.flush();
            flagw = true;
        } catch (IOException e) {
            System.out.println(" 注册失败 ");
        } finally {
```

```
                if (bw != null) {
                    try {
                        bw.close();
                    } catch (IOException e) {

                        System.out.println("用户注册释放资源失败");
                    }
                }
            }
        }
        return flagw;
    }


    @Override
    public boolean login(User user) {
        boolean flag = false;
        BufferedReader br = null;
        try {
            br = new BufferedReader(new FileReader(file));
            String line = null;
            while ((line = br.readLine()) != null) {
                String[] datas = line.split("=");
                if (datas[0].equals(user.getUsername()) &&
datas[1].equals(user.getPassword())) {
                    flag = true;
                    break;
                }
            }
        } catch (FileNotFoundException e) {
            System.out.println("用户登录找不到信息所在的文件");

        } catch (IOException e) {
            System.out.println("用户登录失败");

        }finally {
            if(br!=null){
                try {
                    br.close();
                } catch (IOException e) {
```

```
            System.out.println(" 用户登录释放资源失败 ");
        }
    }
}
    return flag;
    }
}
```

【案例链接】

黑客

世界上第一个蠕虫病毒的创造者是莫里斯。他写出的"莫里斯蠕虫"能针对个人用户执行大量的垃圾代码。在那个年代，这个蠕虫病毒就感染了大约 6 000 台 Unix 计算机，造成的经济损失高达约 1 亿美元。

2017 年 6 月 27 日，一种和 WannaCry 很像的新型勒索病毒来到欧洲，多家大型企业和丹麦 A.P. 穆勒 - 马士基有限公司等遭到袭击，其中乌克兰政府也感染了这种病毒，该病毒代号为 Petya。该病毒后来又瞄准了乌克兰公司和多家跨国企业，包括俄罗斯石油公司等一些快递、广告公司。该病毒造成 3 亿美元损失，旗下 TNT 国际快递公司也暂停业务。

2006—2007 年年初，使用计算机的人都会记得一个名为"熊猫烧香"的病毒，它从 2007 年 1 月初开始肆虐网络，主要通过下载的档案传播，受到感染的机器文件因为误携带病毒间接对其他计算机程序、系统产生严重破坏。在短短的两个多月时间，该病毒不断入侵个人计算机，给上百万个人用户、网吧及企业局域网用户带来无法估量的损失，被《2006 年度中国大陆地区电脑病毒疫情和互联网安全报告》评为"毒王"。2007 年 9 月 24 日，"熊猫烧香"案一审宣判，主犯被判刑 4 年。

启示：

培养知晓从事本专业所应遵循的价值理念和行为标准，坚定责任主体意识，遵守社会规范，树立正确的人生观和价值观。

7.3　定义、处理文本菜单

```java
import java.util.Scanner;
public class Main {
    public static void main(String[] args) {
        while (true) {
            System.out.println("----------welcome----------");
            System.out.println("1 登录 ");
            System.out.println("2 注册 ");
            System.out.println("3 退出 ");
            Scanner in = new Scanner(System.in);
```

```
System.out.print("请选择菜单:");
String choice = in.nextLine();

// 调用Dao层
UserDao userDao = new UserDaomImpl();
boolean flag;
switch (choice) {
case "1":// 登录
System.out.println("------------ 登录界面 -----------");
    System.out.println("请输入账户:");
    String username = in.nextLine();
    System.out.println("请输入密码:");
    String password = in.nextLine();
    flag = userDao.login(new User(username, password));
    if (flag) {
        System.out.println("登录成功");
    } else {
        System.out.println("登录失败");
    }
    break;
case "2":
        System.out.println("------------ 注 册 界 面
-----------");
    System.out.println("请输入账户:");
    String newUsername = in.nextLine();
    System.out.println("请输入密码:");
    String newPassword = in.nextLine();
    flag = userDao.register(new User(newUsername,
newPassword));
    if (flag) {
        System.out.println("注册成功");
    } else {
        System.out.println("注册失败");
    }
    break;
case "3":
    System.out.println("谢谢使用,欢迎下次再来");
    System.exit(0);
    break;
```

```
            default:
                System.out.println(" 无此菜单 !");
                System.exit(0);
                break;
            }
        }
    }
}
```

【项目收尾】

1. File 操作的办法。
2. 输入 / 输出流的使用过程。
3. BufferedWriter 类和 BufferedReader 类的使用方法。

【项目拓展】

【项目要求】

在用户注册登录模拟器项目中，增加对注册用户的用户名和密码的位数和字符组成的限制，要求用户名为由字母、数字、特殊符号组成的 8 位字符，密码为由字母、数字组成的 6 ~ 20 位字符。

【拓展练习】

1. 题目：实现一个方法日志记录器，将每次方法的调用信息存放在单一的文本日志文件中，并能够分析日志文件中包含的数据：调用次数最多的方法、调用总耗时最长的方法。

考点：输入 / 输出流。

难度：中。

2. 题目：编写程序，创建一个数据文件 a.txt，并通过 FileWriter 对象向其中输出整数 1 ~ 100，从生成的数据文件中读取数据，每读一个数据后计算它的平方和平方根，然后输出。

考点：文件、输入 / 输出流。

难度：低。

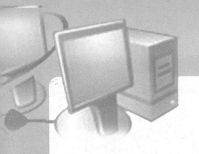

项目 8
企业通信录

【项目启动】

【项目目标】

知识目标

（1）了解 Swing 编程的主要步骤；

（2）熟悉常用的 Swing 组件和布局；

（3）掌握事件处理的工作流程。

素养目标

培养科学精神，引导正确的科学价值观，激发民族自豪感和奋发进取心。

【任务描述】

在日常生活中，通信录是一个非常重要并且非常实用的工具，它不仅在人们用的手机中扮演着重要的角色，在各大商业与企业的运作中也起着非常大的作用。为此，某软件公司为盛大公司实现了一个个性化的通信录程序，其中通信录的信息包括企业名称、联系人、电话、企业地址、邮政编码、邮箱等数据项。所设计的系统有简单的图形界面，可方便用户进行操作，其实现的功能主要有添加企业联系人、查找企业联系人，其中通信录联系人信息会被永久保存在文件中，运行结果如图 8-1 所示。

图 8-1 企业通信录运行结果

 【相关知识】

8.1 GUI 编程基础

8.1.1 GUI 的组件简介

Java 语言是通过 AWT（抽象窗口化工具包）和 Swing 来提供 GUI 组件的。java.awt 是最原始的 GUI 工具包，是 Java 基础类的核心部分之一，它存放在 java.awt 包中。现在有许多功能已被 Swing 取代并得到了很大的增强与提高，因此一般我们很少使用 java.awt。

8.1.2　GUI 设计的一般步骤

1．建容器

首先要创建一个 GUI 应用程序，需要创建一个用于容纳所有其他 GUI 组件元素的载体，Java 中称为容器，典型的包括窗口（Window）、框架（Frame/JFrame）、对话框（Dialog/JDialog）、面板（Panel/JPanel）等。只有先创建了这些容器，其他界面元素如按钮（Button/JButton）、标签（Label/JLabel）、文本框（TextField/JTextField）等才有地方存放。

2．加组件

为了实现 GUI 应用程序的功能，与用户交换，需要在容器上添加各种组件/控件。这需要根据具体的功能要求来决定用什么组件。例如，如果需要提示信息，可用标签（Label/JLabel）；如果需要输入少量文本，可用文本框（TextField/JTextField）；如果需要输入较多文本，可用文本区域（TextArea/JTextArea）；如果需要输入密码，可用密码域（JPasswordField）等。

3．安排组件

与传统的 Windows 环境下的 GUI 软件开发工具不同，为了更好地实现跨平台功能，Java 程序中各组件的位置、大小一般不以绝对量来衡量，而以相对量来衡量。例如有时候，程序的组件的位置是按"东 /East""西 /West""南 /South""北 /North""中 /Center"这种方位来标识的，称为东西南北中布局管理器（Borderlayout）。此外还有流布局管理器（Flowlayout）、网格布局管理器（Gridlayout）、卡片布局（Cardlayout）。因此，在组织界面时，除要考虑所需的组件种类外，还需要考虑如何安排这些组件的位置与大小。这一般是通过设置布局管理器（Layout Manager）及其相关属性来实现的。

4．添加事件

为了完成一个 GUI 应用程序所应具备的功能，除适当地安排各种组件产生美观的界面外，还需要处理各种界面元素事件，以便真正实现与用户的交换，完成程序的功能。在 Java 程序中这一般是通过实现适当的事件监听者接口来完成的。比如如果需要响应按钮事件，就需要实现 ActionListener 监听者接口；如果需要响应窗口事件，就需要实现 WindowListener 监听者接口。

8.2　Swing 基本组件

8.2.1　组件和容器

组件：界面中的组成部分，如按钮、标签、菜单。

容器：容器也是组件的一种，能容纳其他组件，如窗口、面板。在 Java 中，所有的 Swing 都在 java.swing 包中。

容器又分为两种：顶层容器和非顶层容器。顶层容器是可以独立的窗口，顶层容器的类是 Window，Window 的重要子类是 JFrame 和 JDialog；非顶层容器不是独立的窗口，它们必须位于窗口之内，非顶层容器包括 JPanel 及 JScrollPane 等。

所有 Swing 应用程序都至少有一个顶层容器，每个顶层容器都要有一个内容窗格（ContentPane）来放组件，也就是说要把组件放到内容窗格上，才能使用，如图 8-2 所示。

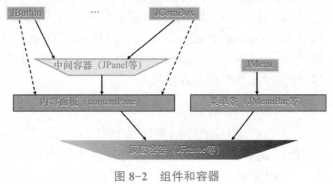

图 8-2　组件和容器

8.2.2　框架

程序员想要编写一个图形用户界面，首先需要创建一个窗体，而框架（JFrame）是一个容器，就是通常意义的窗体。它用来设计应用程序的图形用户界面，可以将其他的组件（标签、按钮、菜单、复选框）添加到其中。

8.2.3　面板

一个界面只可以有一个 JFrame 窗体组件，但是可以有多个 JPanel 面板组件，而 JPanel 上也可以使用 FlowLayout、BorderLayout、GridLayout 等布局管理器，这样可以组合使用，达到较为复杂的布局效果。与框架不同，面板是一个透明的容器，既没有标题，也没有边框。面板是不能作为最外层的容器单独存在的，它必须作为一个组件放置到其他容器中（一般是框架），然后再把组件添加到它里面。

8.2.4　标签

标签的作用是显示信息，标签可以显示一行只读文本、一个图像或者带图像的文本，即对位于其后的界面组件进行说明。标签的显示内容是不能被修改的，如果想要创建一个标签，可以使用 javax.swing. JLabel 类来完成。JLabel 的常用操作方法见表 8-1。

表 8-1　JLabel 的常用操作方法

方法名	说明
JLabel（）	创建无图像并且其标题为空字符串的 JLabel
JLabel（Icon image）	创建具有指定图像的 JLabel 实例
JLabel（Icon image, int horiaotalAlignment）	创建具有指定图像和水平对齐方式的 JLabel 实例
JLabel（String text）	创建具有指定文本的 JLabel 实例
JLabel（String text, Icon image, int horiaotalAlignment ）	创建具有指定文本、图像和水平对齐方式的 JLabel 实例

【课堂案例】

```
import javax.swing.*;
public class SimpleJLabelExample extends JFrame {
  public SimpleJLabelExample() {
    JLabel label = new JLabel("A Very Simple Text Label");
    setDefaultCloseOperation(EXIT_ON_CLOSE);    //关闭
    getContentPane().add(label);    //把 label 添加到内容窗格中
  }
  public static void main(String[] args) {
    SimpleJLabelExample se = new SimpleJLabelExample();
    se.pack();        //将容器调整到合格的大小和布局
    se.setVisible(true);
  }
}
```

8.2.5 文本框

文本框（JTextField）用来显示或编辑一个单行文本。当用户需要在窗体程序中输入账号等时，可以利用 JtextField 来实现这一操作。JTextField 的常用操作方法见表 8-2。

表 8-2 **JTextField** 的常用操作方法

方法名	说明
JTextField（）	构造一个新的文本输入框
JTextField（int columns）	构造一个具有指定列数的新的空的文本输入框
JTextField（String text）	构造一个新的文本输入框，以指定文本作为初始文本
JTextField（String text, int columns）	构造一个用指定文本和列初始化的新的文本输入框
setHorizontalAlignment（对齐方式）	设置水平对齐方式
setColumns（ int column）	指定 JTextField 所包含的列数
getText（）	获取 JTextField 的内容

【课堂案例】

```
import java.awt.*;
import javax.swing.*;
public class TextFieldDemo extends JFrame{
    public TextFieldDemo() {
        Container c=getContentPane();
        c.setLayout(new FlowLayout());
        JLabel j=new JLabel(" 文本域 ");
        c.add(j);
```

```
        JTextField tf=new JTextField(20);
        c.add(tf);
        this.setSize(400,200);
        this.setVisible(true);
    }
    public static void main(String[] args) {
        TextFieldDemo text=new TextFieldDemo();
    }
}
```

在许多情况下，用户可能还需要输入一些文字，这时就需要用到文本输入框。与文本框只能用来显示和编辑单行文本相比，文本区域（JTextArea）可以接受用户的多行输入。JTextArea 除允许多行编辑外，其他用法和 JTextField 基本一致。

8.2.6 密码文本框

JPasswordField 用于显示密码形式的单行文本域，它的使用方法与 JTextField 基本一致。

【课堂案例】

```
import javax.swing.*;
import java.awt.*;
public class PasswordDemo extends JFrame {
  private String pw = "abc";
  private JPasswordField passwordField = new JPasswordField(8);
  public PasswordDemo() {
    setDefaultCloseOperation(EXIT_ON_CLOSE);
    Container contentPane = getContentPane();
    JPanel panel = new JPanel();
    panel.add(new JLabel("Password:"));
    panel.add(passwordField);
    passwordField.setEchoChar('*');    //设置密码框回显输入的内容
  }
  public static void main(String[] args) {
    PasswordDemo pd = new PasswordDemo();
    pd.setSize(400, 300);
    pd.setVisible(true);
  }
}
```

8.2.7　按钮

JButton 表示一个按钮，用于触发特定动作的组件。使用 javax.swing.JButton 可以创建一个按钮对象，其常用操作方法见表 8-3。

表 8-3　JButton 的常用操作方法

方法名	说明
JButton（Icon i）	创建带图标的按钮
JButton（String s）	创建带文本的按钮
JButton（String s, Icon i）	创建带文本和图标的按钮
setLabel（String label）	设置按钮显示的文本
getLabel（）	得到按钮显示的文本
setBounds（int x, int y,int width, int height）	设置按钮的大小及其显示方法

【课堂案例】

```java
import javax.swing.*;
import java.awt.*;
public class ButtonDemo {
    public static void main(String[] args) {
        // 创建 JFrame 对象
        JFrame frame=new JFrame("ButtonJFrame");
        // 获得内容面板容器
        Container pane=frame.getContentPane();
        // 创建 JPanel 对象
        JPanel panel=new JPanel();
        // 创建 JButton 对象
        JButton send=new JButton(" 发送 ");
        JButton quit=new JButton(" 退出 ");
        // 把 button 放置到 panel 上，把 panel 放置到 frame 上
        panel.add(send);
        panel.add(quit);
        pane.add(panel);
        // 设置大小及可见性
        frame.setSize(300,200);
        frame.setVisible(true);
    }
}
```

8.2.8 单选按钮

单选按钮由 JRadioButton 类支持，单选按钮必须配置成组。每次一个组内只能选中一个按钮。例如，如果用户单击下组内的一个按钮，则组内先前被选中的按钮自动变成非选中状态。实例化 ButtonGroup 类以创建一个按钮组，为此要调用其默认构造函数，然后使用 add（单选按钮对象）方法把每个单选按钮分别加入按钮组。JRadioButton 的常用操作方法见表 8-4。

表 8-4 JRadioButton 的常用操作方法

方法名	说明
JRadioButton（）	创建初始非选中的单选按钮，不设置其文本
JRadioButton（String text）	用指定的文本创建非选中的单选按钮
JRadioButton（String text, boolean selected）	用指定的文本和选择状态创建单选按钮
setSelected（boolean b）	设置按钮的状态
setText（String text）	设置按钮的文本
isSelected（）	返回按钮的状态。如果选定了切换按钮，则返回 true，否则返回 false

【课堂案例】

```java
import javax.swing.*;
import java.awt.*;
public class JRadioButtonDemo extends JFrame {
  public JRadioButtonDemo() {
    setDefaultCloseOperation(EXIT_ON_CLOSE);
    Container contentPane = getContentPane();
    JRadioButton b1 = new JRadioButton("A");
    contentPane.add(b1);
    JRadioButton b2 = new JRadioButton("B");
    contentPane.add(b2);
    JRadioButton b3 = new JRadioButton("C");
    contentPane.add(b3);
    ButtonGroup bg = new ButtonGroup();
    bg.add(b1);      // 单选按钮加入按钮组
    bg.add(b2);
    bg.add(b3);
  }
  public static void main(String[] args) {
    JRadioButtonDemo jbd = new JRadioButtonDemo();
```

```
    jbd.setSize(400, 300);
    jbd.setVisible(true);
  }
}
```

8.2.9 复选框

JCheckBox 表示复选框，用户可同时选择多个选项，每个复选框都有一个标签来描述它所代表的选项。JCheckBox 的常用操作方法见表 8-5。

表 8-5 JCheckBox 的常用操作方法

方法名	说明
JCheckBox（）	创建不带文本或图标，初始为非选中的复选框
JCheckBox（String text）	用指定的文本创建初始非选中的复选框
JCheckBox（String text, boolean state）	创建一个带文本的复选框，并指定其最初是否处于选定状态
JCheckBox（String text, Icon i, boolean state）	创建一个带文本、图标的复选框，并指定其最初是否处于选定状态

【课堂案例】

```
import javax.swing.*;
import java.awt.*;
public class CheckboxDemo extends JFrame {
  JCheckBox Win98, winNT, solaris, mac;
  public CheckboxDemo() {
    setDefaultCloseOperation(EXIT_ON_CLOSE);
    Win98 = new JCheckBox("Windows 98", null, true);
    winNT = new JCheckBox("Windows NT/2000");
    solaris = new JCheckBox("Solaris");
    mac = new JCheckBox("MacOS");
    Container c = getContentPane();
    c.add(Win98);
    c.add(winNT);
    c.add(solaris);
    c.add(mac);
  }
  public static void main(String[] args) {
    CheckboxDemo cd = new CheckboxDemo();
    cd.setSize(400,300);
```

```
      cd.setVisible(true);
   }
}
```

8.2.10   组合框

组合框（JComboBox）也被称为下拉列表，为文本域和下拉列表的组合，它允许用户输入值，或在用户请求一个值时，允许用户从显示的列表中选择值。JComboBox的常用操作方法见表 8-6。

表 8-6   JComboBox 的常用操作方法

方法名	说明
JComboBox（）	创建具有默认数据模型的 JComboBox
JComboBox（ComboBoxModel aModel）	创建一 JComboBox，其项取自现有的 ComboBoxModel
JComboBox（Object[] items）	创建包含指定数组中的元素的 JComboBox
JComboBox（Vector<?> items）	创建包含指定 Vector 中的元素的 JComboBox
addItem（Object anObject）	为项列表添加项
getItemCount（）	获取组合框的条目总数
removeItem（Object ob）	删除指定选项
removeItemAt（int index）	删除指定索引的选项
insertItemAt（Object ob,int index）	在指定的索引处插入选项
getSelectedIndex（）	获取所选项的索引值（从 0 开始）
getSelectedItem（）	获得所选项的内容
setEditable（boolean b）	设为可编辑。组合框的默认状态是不可编辑的，需要调用本方法设定为可编辑，才能响应选择输入事件

【课堂案例】

```
import javax.swing.*;
import java.awt.*;
public class JComboBoxDemo extends JFrame{
  public JComboBoxDemo() {
    setDefaultCloseOperation(EXIT_ON_CLOSE);
    Container contentPane = getContentPane();
    JComboBox jc = new JComboBox();
    jc.addItem("Red");
```

```
        jc.addItem("Black");
        jc.addItem("White");
        contentPane.add(jc);
    }
    public static void main(String[] args) {
        JComboBoxDemo jbd = new JComboBoxDemo();
        jbd.setSize(400, 300);
        jbd.setVisible(true);
    }
}
```

8.2.11　列表

列表（JList）是显示对象列表并且允许用户选择一个或多个项的组件。JList 不实现直接滚动，若需要滚动显示，可以结合 JScrollPane 实现滚动效果。列表与组合框的外观不同，组合框在被单击时才会显示下拉列表，而列表会在屏幕上持续占用固定行数的空间。Jlist 的操作方法见表 8-7。

表 8-7　Jlist 的常用操作方法

方法名	说明
JList（）	构造一个具有空的、只读模型的 JList
JList（ListModel dataModel）	根据指定的非 null 模型构造一个显示元素的 JList
JList（Object[] listData）	构造一个 JList，使其显示指定数组中的元素
JList（Vector<?> listData）	构造一个 JList，使其显示指定 Vector 中的元素
getSelectedIndex（）	返回最小的选择单元索引；如果只选择了列表中单个项时，返回被选择的索引号
setSelectionMode（int selectionMode）	设置列表的选择模式，是多选还是单选
getModel（）	返回保存由 JList 组件显示的项列表的数据模型
getSelectedIndices（）	返回所选的全部索引的数组（按升序排列）

【课堂案例】

```
import javax.swing.*;
import java.awt.*;
public class JListSimple extends JFrame {
    public JListSimple() {
        setDefaultCloseOperation(EXIT_ON_CLOSE);
        Container contentPane = getContentPane();
```

```
    Object[] items = {
        "item one", "item two", "item three",
        "item four", "item five", "item six",
        "item seven", "item eight",
        "item nine", "item ten"};
    JList list = new JList(items);
    JScrollPane sp = new JScrollPane(list);   // 中间容器
    list.setVisibleRowCount(7);
    contentPane.add(sp);
  }
  public static void main(String[] args) {
    JListSimple js = new JListSimple();
    js.setSize(400, 300);
    js.setVisible(true);
  }
}
```

8.2.12　菜单

菜单是图形用户界面中最常用的组件之一。Java 的菜单组件是由多个类组成的，主要有 JMenuBar（菜单栏）、JMenu（菜单）、JMenuItem（菜单项）和 JPopupMenu（弹出菜单）。JMenuBar 是相关的菜单栏，该组件可以添加菜单，添加的菜单会排成一行，一般一个窗体中有一个菜单栏就可以了。JMenu 可以显示一个个菜单，该组件可以添加子菜单，也可以添加菜单，添加的菜单会排成一列。JMenu 有两种功能，一是在菜单栏中显示，二是当它被加入另一个 JMenu 中时，会产生引出子菜单的效果。JMenuItem 是 JMenu 目录下的菜单，可以添加到菜单中。JMenu 的常用操作方法见表 8-8。

表 8-8　JMenu 的常用操作方法

方法名	说明
JMenuBar（）	建立一个新的 JMenuBar
JMenu（）	建立一个新的 JMenu
JMenu（String s）	以指定的字符串名称建立一个新的 JMenu
JMenu（String,Boolean b）	以指定的字符串名称建立一个新的 JMenu 并决定这个菜单是否可以下拉式的属性
JMenuItem（）	建立一个新的 JMenuItem
JMenuItem（Icon i）	建立一个有图标的 JMenuItem
JMenuItem（String s）	建立一个有文字的 JMenuItem
JMenuItem（String s，int mnemonic）	建立一个有文字和键盘设置快捷键的 JMenuItem

【课堂案例】

```java
import javax.swing.*;
import java.awt.*;
public class MenuItemDemo extends JFrame {
  public MenuItemDemo() {
    setDefaultCloseOperation(EXIT_ON_CLOSE);
    Icon newIcon = new ImageIcon("leet1.gif",        // 定义图标文件
                                    "Create a new document");
// 关于图标的文本
    Icon openIcon = new ImageIcon("leet2.gif",
                                    "Open an existing document");
    JMenuBar mb = new JMenuBar();    // 菜单栏
    JMenu fileMenu = new JMenu("File");    // 菜单
    // 菜单项
    JMenuItem newItem = new JMenuItem(newIcon);
    JMenuItem openItem = new JMenuItem("Open ...", openIcon);
    JMenuItem saveItem = new JMenuItem("Save");
    JMenuItem saveAsItem = new JMenuItem("Save As ...");
    JMenuItem exitItem = new JMenuItem("Exit", 'x');    // 带快捷
键的菜单项
    exitItem.setAccelerator(KeyStroke.getKeyStroke('X',java.
awt.Event.CTRL_MASK,false)); // 加入快捷方式 (): CTRL+x
    // 把菜单项加入菜单中
    fileMenu.add(newItem);
    fileMenu.add(openItem);
    fileMenu.add(saveItem);
    fileMenu.add(saveAsItem);
    fileMenu.add(exitItem);
    mb.add(fileMenu);    // 把菜单加入菜单栏中
    setJMenuBar(mb);    // 把菜单栏设置在容器 (JFrame) 中
  }
}
  public static void main(String[] args) {
    MenuItemDemo md = new MenuItemDemo();
    md.setSize(400, 300);
    md.setVisible(true);
  }
}
```

8.3 布局管理器

一个图形用户界面上会有很多个组件，这些组件需要根据用户使用需求和习惯进行布局，API 中提供了几种常用的布局管理器来进行布局。

8.3.1 流布局管理器

流布局管理器 FlowLayout，将组件按照加入的先后顺序从左到右、从上到下的方式依次布局，是 JPanel 的默认布局管理器。

8.3.2 边界布局管理器

边界布局管理器 BorderLayout，将容器分为东、西、南、北、中五个区域，可以在指定区域内放置组件，是 JFrame 的默认布局管理。

8.3.3 网格布局管理器

网格布局管理器 GridLayout，将容器分成等行等列的网格。

【课堂案例】

```java
import javax.swing.*;
import java.awt.*;
public class TestLayout {
    public static void main(String[] args) {
        // 创建 JFrame 对象
        JFrame frame=new JFrame("TestJFrame");
        // 获得内容面板容器
        Container pane=frame.getContentPane();
        // 创建 JPanel 对象
        JPanel panel=new JPanel();
        // 创建 JButton 对象
        JButton send=new JButton(" 发送 ");
        JButton quit=new JButton(" 退出 ");
        // 创建文本框文本区域对象
        JTextField input=new JTextField();
```

```
        JTextArea output=new JTextArea();
        // 对 panel 设置流布局管理器
        panel.setLayout(new FlowLayout());
        // 把 button 放置到 panel 上，把 panel 放置到 frame 上
        panel.add(send);
        panel.add(quit);
        // 对 frame 设置布局管理
        frame.setLayout(new BorderLayout());
        pane.add(input, "South");
        pane.add(output,"Center");
        pane.add(panel,"East");
        // 设置大小及可见性
        frame.setSize(300,200);
        frame.setVisible(true);
    }
}
```

使用布局管理器的步骤就是先调用容器组件的 setLayout 方法，然后指定一个具体的布局管理器对象。

8.4 事件

8.4.1 事件概念

与 Java 事件相关的主要概念有三个，分别是事件源（event source）、事件对象（event object）和事件监听器（event listener）。

以明星为例，可以这样理解（图 8-3）：明星是事件源，所有的事件都由事件源发出，所有的明星活动都由明星发出；明星活动是事件，比如有演唱会、演电影、见面会等；娱乐记者是事件监听器，监听器将监听到事件源发出的事件，并进行不同的响应。

以 Java GUI 中的事件为例，事件源就是 GUI 的组件，例如按钮、文本框等；事件对象就是操作组件时触发的对象，是 API 中定义好的类型，例如鼠标事件、窗口事件等；事件监听器是一系列接口，是 API 中定义好的接口，接口中的方法用来处理相应的事件，例如鼠标事件对应鼠标监听器、窗口事件对应窗口监听器等。

8.4.2 事件流程

事件处理的工作流程：首先为事件源注册监听器对象，当用户进行一些操作时，

如按下鼠标或者释放键盘等，这些动作会触发相应的事件，如果事件源注册了事件监听器，将产生并传递事件对象，监听器接收事件对象，并对事件进行处理，如图 8-4 所示。

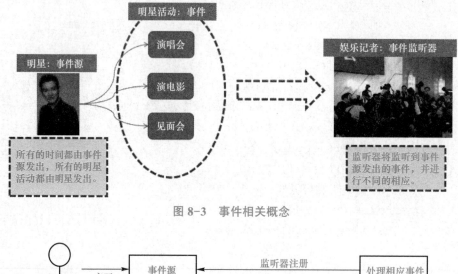

图 8-3　事件相关概念

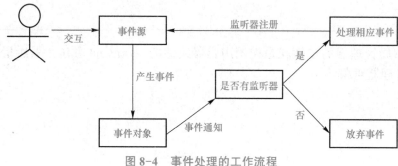

图 8-4　事件处理的工作流程

　　在程序中，如果想实现事件的监听机制，首先需要定义一个类实现事件监听器的接口，接着通过 addTypeListener 方法为事件源注册事件监听器对象，当事件源上发生事件时，便会触发事件监听器对象；由事件监听器调用相应的方法来处理相应的事件。

8.4.3　事件的分类和相应接口

　　每个具体的事件都是某种事件类（Event）的实例，事件类包括 ActionEvent、ItemEvent、MouseEvent、KeyEvent 和 WindowEvent 等，每类事件都有对应的监听器，监听器是接口，其中定义了事件发生时可调用的方法，也就说接口里的方法才是真正事件处理的部分，一个类可以实现监听器的一个或多个接口。表 8-9 列出了事件的分类和监听器接口，表 8-10 列出了组件和事件的对应关系。

表 8-9　事件的分类和监听器接口

Event 类	事件监听器接口
ActionEvent	ActionListener
AdjustmentEvent	AdjustmentListener

续表

Event 类	事件监听器接口
ComponentEvent	ComponentListener
FocusEvent	FocusListener
ItemEvent	ItemListener
WindowEvent	WindowListener
TextEvent	TextListener
MouseEvent	MouseListener, MouseMotionListener
KeyEvent	KeyListener

表 8-10　组件和事件的对应关系

Event 类	事件源（组件）	产生事件的时机
ActionEvent	JButton	按钮按下时
	List	双击 List 中的项目时
	MenuItem	选取菜单中的某项时
	TextField	按下 Enter 时
AdjustmentEvent	JScrollbar	滚动滚动条时
ItemEvent	JCheckbox	选中某个选项时
	JCheckboxMenuItem	勾选菜单中某个选项时
	JComboBox	选取下拉菜单中某个选项时
	List	选取 List 某个选项时
TextEvent	TextArea	文本内容改变时
	TextField	文本内容改变时

【课堂案例】

单击【ChangeColor】按钮后，按钮的背景颜色变成蓝色。

```java
import java.awt.event.*;
import javax.swing.*;
import java.awt.*;
public class ActionEventDemo extends JFrame{
    JButton btn=new JButton("ChangeColor");
    public ActionEventDemo()
    {
        super("ActionEventDemo");
```

```
        // 获得一个内容窗格
        Container c=getContentPane();
        // 修改布局方式
        c.setLayout(new FlowLayout());
        c.add(btn);
        // 注册监听器并接受事件对象的返回
        btn.addActionListener(new ButtonHandler());
        setSize(300, 300);
        setVisible(true);
    }
    public static void main(String[] args) {
        ActionEventDemo app=new ActionEventDemo();
    }
}
// 实现了监听器
class ButtonHandler implements ActionListener
{
    // 接口的方法
    public void actionPerformed(ActionEvent e) {
        ActionEventDemo aed=new ActionEventDemo();
        aed.btn.setBackground(Color.blue);
    }
}
```

【课堂案例】

把选取的【所在城市位置】下拉框中的选项显示在界面上。

```
import java.awt.event.*;
import javax.swing.*;
import java.awt.*;
public class ItemEventDemo extends JFrame{
    JComboBox cb=new JComboBox();
    JLabel lb1=new JLabel();
    JLabel lb2=new JLabel();
    public ItemEventDemo() {
        super("ItemEventDemo");
        // 获得一个内容窗格
        Container c=getContentPane();
        // 修改布局方式
        c.setLayout(new FlowLayout(FlowLayout.LEFT));
        lb1.setText(" 请选择所在城市的位置 ");
```

```
        lb2.setSize(20,20);
        cb.addItem(" 北京 ");
        cb.addItem(" 上海 ");
        cb.addItem(" 大连 ");
        c.add(lb1);
        c.add(lb2);
        c.add(cb);
        cb.addItemListener(
                // 接口实现，使用了匿名内部类
                new ItemListener(){
                        public void itemStateChanged(ItemEvent
e) {

                                if(cb.getSelectedIndex()==0)
                                {
                                        lb2.setText(" 北京 ");
                                }
                                else if(cb.getSelectedIndex()==1)
                                {
                                        lb2.setText(" 上海 ");
                                }
                                else if(cb.getSelectedIndex()==2)
                                {
                                        lb2.setText(" 大连 ");
                                }
                        }
                }
        );
        this.setSize(200,200);
        this.setVisible(true);
    }
    public static void main(String[] args) {
        ItemEventDemo app=new ItemEventDemo();
    }
}
```

【课堂案例】

通过按键盘上的上、下、左、右键移动【Key】按钮。

```
import java.awt.event.*;
import javax.swing.*;
import java.awt.*;
```

```
public class KeyEventDemo extends JFrame implements
KeyListener{
    JButton b=new JButton("Key");
    int x=0,y=0;
    public KeyEventDemo() {
        super("KeyEvent");
        // 获得一个内容窗格
        Container c=getContentPane();
        // 修改布局方式
        c.setLayout(new FlowLayout(FlowLayout.LEFT));
        b.addKeyListener(this);      // 在本类中实现接口
        c.add(b);
        this.setSize(300,200);
        this.setVisible(true);
    }
    public static void main(String[] args) {
        KeyEventDemo app=new KeyEventDemo();
    }
    public void keyTyped(KeyEvent e) {

    }
    public void keyPressed(KeyEvent e) {
        if(e.getKeyCode()==KeyEvent.VK_DOWN)
        {
            y++;
            b.setLocation(x,y);
        }
        if(e.getKeyCode()==KeyEvent.VK_UP)
        {
            y--;
            b.setLocation(x,y);
        }
        if(e.getKeyCode()==KeyEvent.VK_RIGHT)
        {
            x++;
            b.setLocation(x,y);
        }
        if(e.getKeyCode()==KeyEvent.VK_LEFT)
        {
```

```
                x--;
                b.setLocation(x,y);
        }
    }
    public void keyReleased(KeyEvent e) {


    }
}
```

【项目实施】

8.1　定义通信录读写类

```
package contacts;
import java.io.*;
public class FileRW {
    private static FileWriter fileWriter;
    private static FileReader fileReader;
    private static BufferedReader bf;
    private static BufferedWriter bw;
    private static File file = new File("D:\\dest.txt");
    public static void fileWrite(String s) {
        try {
            fileWriter = new FileWriter(file, true);
            bw = new BufferedWriter(fileWriter);
            bw.write(s);
        } catch (IOException e) {
            e.printStackTrace();
        } finally {
            try {
                bw.close();
                fileWriter.close();
            } catch (IOException e) {
                e.printStackTrace();
            }
        }
    }
    public static String fileRead(String dest) {
        try {
```

```
        fileReader = new FileReader(file);
        bf = new BufferedReader(fileReader);
        String ss;
        while((ss = bf.readLine()) != null) {
            String[] temp = ss.split(",");
            if(temp[0].equals(dest)) {
                return ss;
            }
        }
    } catch (FileNotFoundException e) {
        e.printStackTrace();
    } catch (IOException e) {
        e.printStackTrace();
    } finally {
        try {
            bf.close();
            fileReader.close();
        } catch (IOException e) {
            e.printStackTrace();
        }
    }
    return null;
    }
}
```

8.2　通信录界面设计

```
package contacts;
import java.awt.*;
import java.awt.event.*;
import java.io.*;
import java.util.*;
import javax.swing.*;
public class Contacts extends JFrame{
    // 定义界面中必要的组件，包括标签、文本域、按钮等
    JLabel title=new JLabel(" 企业通信录 ");
    JLabel enterprise=new JLabel(" 企业名称 ");
    JLabel name=new JLabel(" 联系人 ");
    JLabel telephone=new JLabel(" 电话 ");
    JLabel address=new JLabel(" 企业地址 ");
```

```
        JLabel zip=new JLabel(" 邮政编码 ");
        JLabel email=new JLabel("email");
        JTextField[] jTextFields = new JTextField[6];
        Font font=new Font("TimersRoman",Font.ITALIC,40);//
使用的字体
        JButton add =new JButton(" 添加 ");
        JButton find=new JButton(" 查找 ");
        JButton clear=new JButton(" 清空 ");
        JButton exit=new JButton(" 退出 ");
        ArrayList nameCardArray=new ArrayList();
        public Contacts(String s)
        {
            super(s);
            Container cp=getContentPane();
            cp.setLayout(null);
            // 给各文本输入域设置边框
            for(int i=0;i<6;i++){
                jTextFields[i] = new JTextField();
              jTextFields[i].setBorder(BorderFactory.
createLoweredBevelBorder());
            }
            // 给各按钮添加设置边框
            add.setBorder(BorderFactory.createLowered
BevelBorder());
            find.setBorder(BorderFactory.createLoweredBevel
Border());
            clear.setBorder(BorderFactory.createLoweredBevel
Border());
            exit.setBorder(BorderFactory.createLowered
BevelBorder());
            title.setFont(font);// 设置文本域使用的字体
            // 设置各组件的大小
            title.setBounds(130, 20, 300, 60);
            enterprise.setBounds(50, 100, 75, 20);
            jTextFields[0].setBounds(150, 100, 100, 20);
            name.setBounds(50,140 ,75,20 );
            jTextFields[1].setBounds(150,140 ,100,20 );
            telephone.setBounds(50,180 ,75,20 );
            jTextFields[2].setBounds(150,180 ,250,20 );
```

```
address.setBounds(50,220 ,75,20 );
jTextFields[3].setBounds(150,220 ,150, 20);
zip.setBounds(50,260 ,75,20 );
jTextFields[4].setBounds(150,260 ,150, 20);
email.setBounds(50, 300,75,20 );
jTextFields[5].setBounds(150,300 ,250, 20);
// 设置按钮的位置
add.setBounds(50, 360, 75,25);
find.setBounds(150, 360, 75,25);
clear.setBounds(250, 360, 75,25);
exit.setBounds(350, 360, 75,25);
// 布置按钮
cp.add(title);
cp.add(enterprise);
cp.add(name);
cp.add(telephone);
cp.add(address);
cp.add(zip);
cp.add(email);
for(int i=0;i<6;i++){
    cp.add(jTextFields[i]);
}
cp.add(add);
cp.add(find);
cp.add(clear);
cp.add(exit);


clear.addActionListener(new ActionListener()
// 给清空按钮注册监听器
{
    @Override
    public void actionPerformed(ActionEvent e)
    {

        for(int i=0;i<6;i++) {
            jTextFields[i].setText("");
        }
    }
});
```

```
                exit.addActionListener(new ActionListener()
        // 给退出按钮注册注册监听器
        {

                @Override
                public void actionPerformed(ActionEvent
e) {

                        System.exit(0);

                }
        });
    }
    public static void main(String[] args) {
        Contacts com=new Contacts(" 通信录 ");
        com.setSize(480,460);
        com.setLocationRelativeTo(null);
        com.setDefaultCloseOperation(JFrame.EXIT_ON_
CLOSE);
        com.setVisible(true);
    }

}
```

8.3 添加企业联系人

```
package contacts;
import java.awt.*;
import java.awt.event.*;
import java.io.*;
import java.util.*;
import javax.swing.*;
public class Contacts extends JFrame{
    public Contacts(String s){
        ……
                add.addActionListener(new ActionListener()
        // 将添加按钮添加按钮监听器
        {
                boolean flag = true;
                StringBuilder s = new StringBuilder();
```

```
                    private String[] texts = new String[6];
                    @Override
                    public void actionPerformed(ActionEvent
e)
                    {
                    for (int i = 0; i < 6; i++) {
                        texts[i] = new String();
                        texts[i] = jTextFields[i].getText();
                        if(texts[i].equals("") || texts[i] ==
null) {

                            flag = false;
                            s = new StringBuilder();
                            break;
                        }
                        if(i == 0) {
                            s = new StringBuilder();
                            s.append(texts[i]);
                        }
                        else {
                            s.append(",").append(texts[i]);
                        }
                    }
                    if(flag) {
                        s.append("\r\n");
                        // 将文本域中的内容写成一个字符串
                        String ss = s.toString();
                        // 将字符串写入文件
                        FileRW.fileWrite(ss);
                        for(int i=0;i<6;i++) {
                            jTextFields[i].setText("");
                        }
                        JOptionPane.showMessageDialog(null, "
添加成功");

                    }
                    else {
                        JOptionPane.showMessageDialog(null, "
请把所有内容都填写完整");
                        flag=true;
```

```
                }
            }
        });
......
    }
}
```

8.4 查找企业联系人

```java
package contacts;
import java.awt.*;
import java.awt.event.*;
import java.io.*;
import java.util.*;
import javax.swing.*;
public class Contacts extends JFrame{
    public Contacts(String s){
        ......
                find.addActionListener(new ActionListener()
                // 给查找按钮注册监听器
                {
                    @Override
                    public void actionPerformed(ActionEvent e)
                    {
                    final JFrame frame = new JFrame(" 输入 ");
                    JPanel jPanel = new JPanel();
                    JPanel jPanel1 = new JPanel();
                    JLabel jLabel = new JLabel(" 输入查找企业的
名称 ");
                    JButton jButton = new JButton(" 确定 ");
                    final JTextField jTextField = new
JTextField(30);
                    jPanel.add(jLabel);
                    jPanel.add(jTextField);
                    jButton.addActionListener(new
ActionListener() {
                        @Override
                         public void actionPerformed(ActionEvent
e) {
                            String actionCommand1 =
```

```
e.getActionCommand();
                                     String dest = jTextField.
getText();
                                     String findresult = FileRW.
fileRead(dest);
                                     if(findresult == null) {
                                     for(int i=0;i<6;i++) {
                                     jTextFields[i].setText("");
                           }
                           JOptionPane.showMessageDialog(null,
"未找到该企业");
                       }
                       else {
                              String[] tempdest = findresult.
split(",");
                           for(int i=0;i<6;i++) {
                                            jTextFields[i].
setText(tempdest[i]);
                           }
                           frame.dispose();
                       }
                   }
                });
                jPanel1.add(jButton);
                frame.add(jPanel, BorderLayout.CENTER);
                frame.add(jPanel1, BorderLayout.SOUTH);
                frame.setBounds(500, 300, 400, 300);
                        frame.addWindowListener(new
WindowAdapter() {
                    @Override
                    public void windowClosing(WindowEvent
e) {
                        e.getWindow().dispose();
                    }
                });
                frame.setLocationRelativeTo(null);
                frame.setSize(400, 200);
                frame.setVisible(true);
            }
```

```
                    });
......
        }
}
```

【项目收尾】

1．Swing 的相关类都位于 javax.swing 和 java.awt 包中。

2．API 提供了几种常用的布局管理器来进行布局。

3．事件处理的概念是通用的，都包括事件源、事件对象、事件监听器三个主要概念，在 Java Web 开发中也会使用。

【项目拓展】

【项目要求】

在企业通信录项目中，增加修改企业联系人、删除企业联系人两个新功能。

【拓展练习】

题目：实现简单的聊天室窗口，单击【发送】按钮能够将文本框内容发送到聊天区域，单击【退出】按钮能够退出即可，如图 8-5 所示。

考点：GUI 编程。

难度：低。

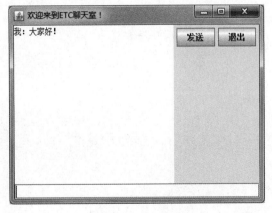

图 8-5　聊天室窗口

参 考 文 献

[1] 胡楠，冯志财 .Java 基础进阶案例教程［M］.北京：清华大学出版社，2017.

[2] 胡浩翔，郑冰洋 .Java 程序设计案例教程［M］.北京：电子工业出版社，2020.

[3] 钱银中 .Java 程序设计案例教程［M］.北京：机械工业出版社，2017.

[4] ［美］Herbert Schil.dtJava 编程入门官方教程［M］.7 版 . 左雷，译 . 北京：清华大学出版社，2018.

[5] 杨晓燕，王仁芳，刘云鹏，等 . Java 面向对象实用教程［M］.4 版 . 北京：电子工业出版社，2019.